『塵劫記』発刊400年近づく

中井保行

1627＋400＝2027は，何の計算式でしょう？

解答は次の通りです．

1627年は，ご存じ和算の書『塵劫記』の発刊の年．2027年はその400年記念の年です．今年の西暦を思い浮かべるとき，あと十年足らずで400年記念の年を迎えることを分かっていただけるでしょう．

さて，小職が『塵劫記』と出会ったのはかれこれ20年ほど前でした．出生の地である京都において，勤務校であった京都府立嵯峨野高等学校の授業に深みを増す何かがないかと探っていた頃のことです．

和算の知識を得ようと解説書を購入し読み始めたところ，『塵劫記』の序文に「山城州葛野郡嵯峨村の人事吉田光由……」と書かれているのを発見しました．しかもこの序文を書いたのは，天龍寺のお坊さんでした．これにはいささか驚きました．

山城州とは京都を意味し，自宅からいちばん近い高校は，サッカーの釜本邦茂氏，阪神タイガースで活躍した吉田義男氏を輩出した京都府立山城高等学校です．葛野郡の葛野は葛野大路が右京を南北に貫きます．また，嵯峨村は言わずと知れた嵯峨嵐山の嵯峨です．当時勤務校名の嵯峨野は嵯峨に続く野原と解釈できました．

その後，『塵劫記』に関連する地を訪ね，人物を訪ね，集い語りました．そのような中で，次のようなさまざまな発見や出来事がありました．

・同好の氏のひとり（久下五十鈴氏）は吉田光由の墓石（二尊院）の発見に至りました．

・墓石は京都市にも認められ，二尊院の角倉墓地に駒札を立てることができました．

・角倉了以が保津川開削の犠牲者を弔うために再興した大悲閣千光寺は，一時期衰退しましたが，現住職により力強く再興しつつあります．

・角倉隧道の水源である菖蒲谷池の漏水防止工事で出土した木樋は，最終的に二尊院で保管していただくこととなりました．

・角倉隧道は現在もなお現役の農業用水であることが確認できました．

・角倉隧道の中へ入り調査した人物と出会いました．

・吉田（角倉）一族に血縁のある人々と，心のつながりのある地域の人々が集うことができ，定期的に勉強会・見学会を催すこととなりました．

・角倉了以が開削した保津峡を遡行し，藤原惺窩が命名した景勝の地（嵯峨十境）をほぼ特定できました．

・大悲閣千光寺にある石碑文（林《はやし》羅《ら》山《ざん》の文）の口語訳がほぼできあがりました．

・琵琶湖疏水の建設に貢献した京都府知事，北垣国道の日記を綴った『塵海』（2010年刊）の中に，地元嵯峨村の村長井上与一郎氏が知事を訪問し，菖蒲谷隧道を顕彰する石碑の書を依頼した記録を発見しました．

・大悲閣千光寺の角倉了以像と一族代表が早春の保津川下りの初舟に乗船し，保津川下り観光のスタートを飾り，安全を祈願することとなりました．（2016年）

・勤務校を会場にして，角倉一族と『塵劫記』について，生徒発表を交えた講演会を開催することができました．北嵯峨高等学校でも同様の講演会が開催されました．

・角倉了以並びに保津川開削犠牲者の菩提を弔うために，渡月橋上流の千鳥ヶ淵に舟を浮かべ，千光寺住職による川施餓鬼の会を毎秋に実施することとなりました．

今後は，吉田（角倉）家の人々，関連する寺院の関係者，地域の人々，珠算関係者，和算に興味のある人々，研究者，教職員や生徒達の力をまとめて機運を高め，全国の同好の士とともに『塵劫記』発刊400年記念の企画を充実させたいと思っています．

読者の皆様方の，温かい御理解と御協力をお願いする所存です．

（なかい・やすゆき
／四日市大学関孝和数学研究所）

街の噴水とハンズオン・マス

市谷 壮

東京の地下鉄に溜池山王という駅があります．先日，その駅の近くを通りがかったとき，ビルの横にある噴水に目が吸い寄せられました．その噴水が正二十面体だったからです．頂点の方から見ると五つの辺が各方向にのびて，五芒星や正五角形のように見えます．どこから見ても隙のない，なかなか美しい形をしています．(図 1)

日常生活の中で正二十面体に出会うことはあまりありません．1 から 20 までの数が書かれた「20 面ダイス」という正二十面体のサイコロは市販されています．私が子どものころに使っていた白い正六角形と黒い正五角形の組み合わせでできているサッカーボールは，正二十面体のすべての頂点を切り落とした形ですが，サッカーボールを見て元の正二十面体を想像する人はあまりいないでしょう．ちょっと意外なところでは，インフルエンザなどさまざまな病気の原因になるウイルスにも，正二十面体の形をしているものが多いそうです．

●折り紙で作る「穴あきサッカーボール」

私は，10 年ほど前から，ハンズオン・マス研究会で，運営を手伝っています．「ハンズオン・マス」とは，折り紙やサイコロ，パターンブロックというカラフルな教具など，さまざまな具体物を操作したり作ったりする活動を取り入れた算数・数学の授業のこと．ハンズオン・マス研究会は，学校の先生方の有志の集まりで，1998 年に活動を始めました．研究会では，ハンズオン・マスの教材や教具，授業の進め方について報告しあったり，実際にさまざまな活動をやってみたりしながら，どうすれば，児童・生徒の関心や興味を引き出す楽しく豊かな授業ができるかを考えています．

溜池山王の道端で正二十面体の噴水を眺めながら，私は，以前，ハンズオン・マス研究会で紹介された「折り紙で作る穴あきサッカーボール」の作り方を思い出していました．左にも少し書いたように，伝統的なサッカーボールは 20 個の正六

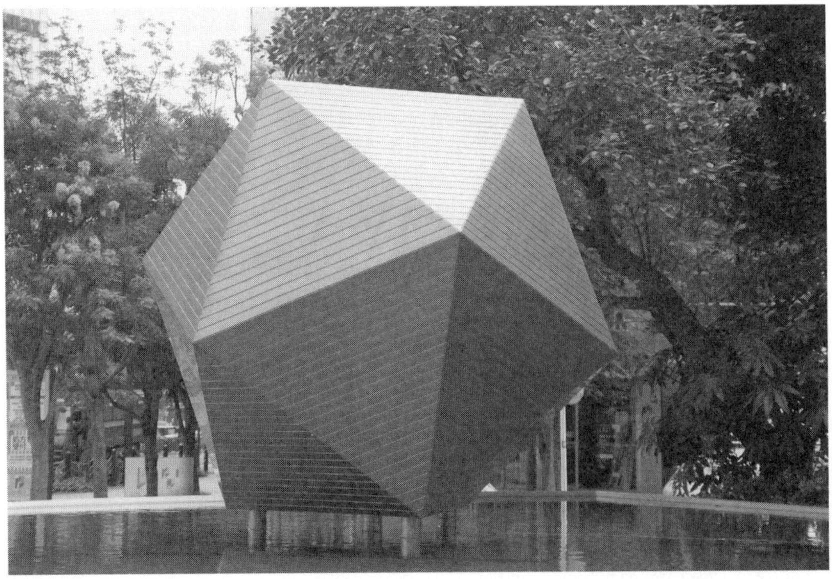

図 1　溜池山王駅近くの噴水（水の出ていない土曜日に撮影）

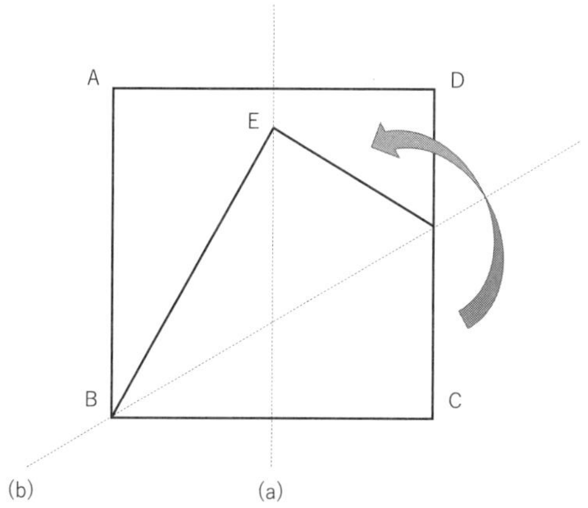

図 2a　正三角形の折り方(1)

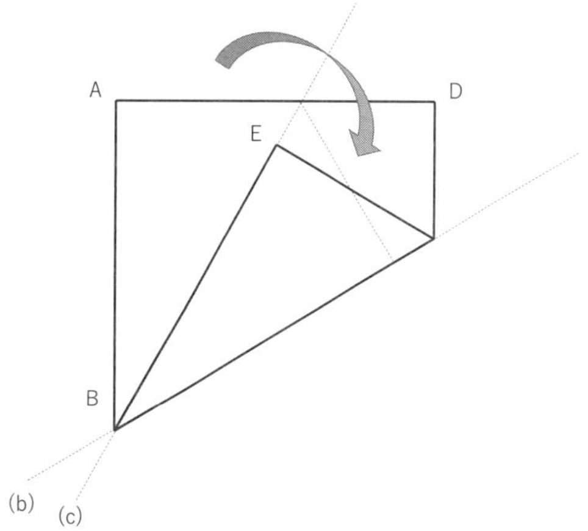

図 2b　正三角形の折り方(2)

角形と 12 個の正五角形の組み合わせでできています．そこで，折り紙で正六角形のパーツを 20 個作って貼り合わせれば，正五角形の穴が 12 か所空いた「穴あきサッカーボール」が出来上がるのです．

折り紙で正六角形のパーツを作るためには，まず，正三角形を作ります．（図 2a, b, c）

折り紙をタテ半分に折って開きます．次に右下の頂点 C をまんなかの折り線 (a) の上に持ってきて，斜めの折り線 (b) が左下の頂点 B を通るように折り上げます．続いて，左の辺 AB と折り線 (b) が重なるように向こう側に折り返すと，折り線 (c) ができて元の折り紙の左下の直角が 3 等分されます．右側も同様に折って開くと，元の折り紙の下の辺と，2 本の折り線 (c) (c′) で囲まれた EBC が正三角形になります．

穴あきサッカーボールを作る活動では，はさみで正三角形 EBC を切り抜き，その三つの頂点を，折り線 (b) (b′) の交点 F に集めて正六角形のパーツを作ります．正六角形をたくさん作るのはやや面倒ですが，数名のグループで分担しながら作ればそれほど大変ではありません．組み立てが進んでカラフルなサッカーボールの形ができてくると，クラス全体が楽しげな雰囲気に包まれます．

●封筒で作る正四面体

正三角形の折り方を応用して，封筒 1 枚で正四面体を作ることもできます．（図 3）

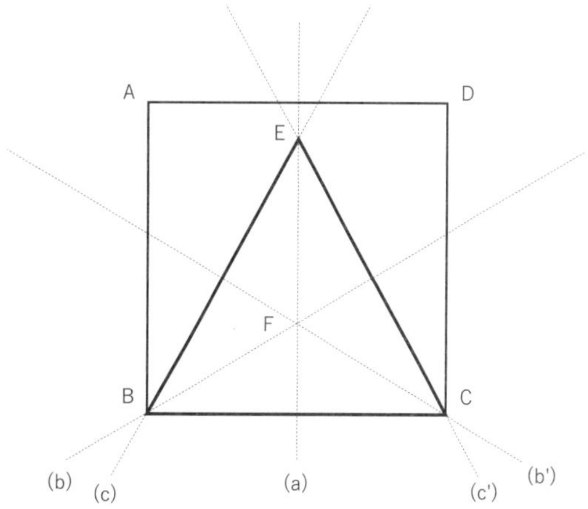

図 2c　正三角形の折り方(3)

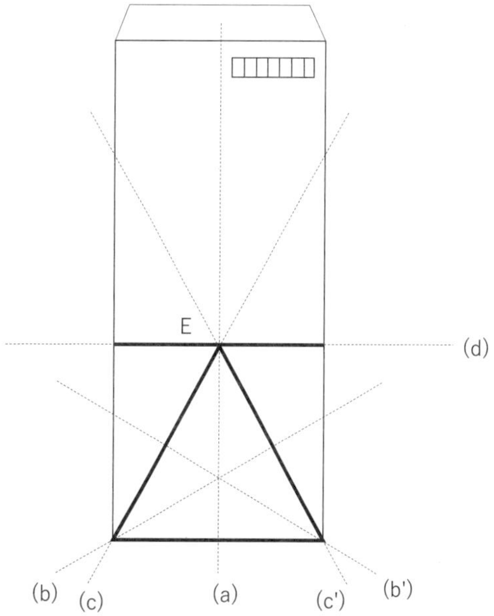

図 3　正四面体の作り方

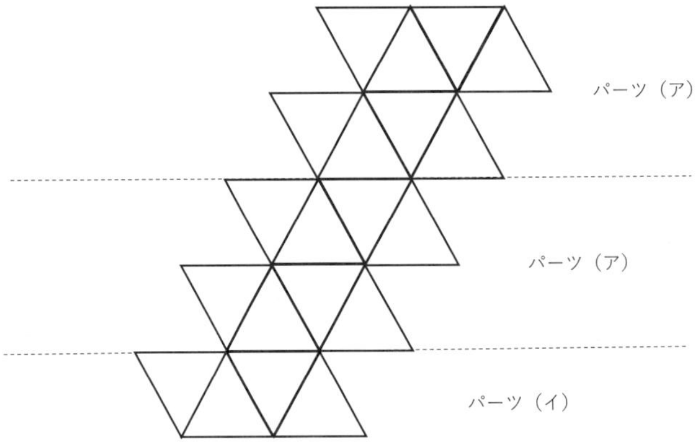

図 4a　正二十面体の展開図

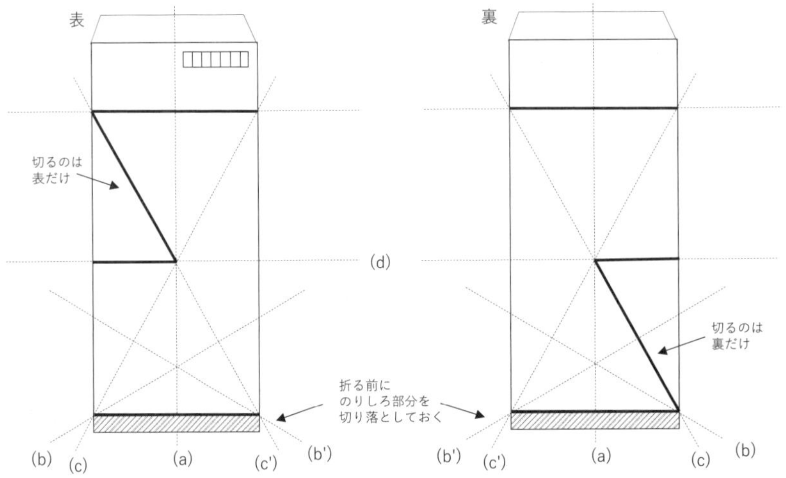

図 4b　正二十面体のパーツ（ア）の作り方

封筒をタテにおき，正三角形を作る場合と同様に，折り線 (c) と (c′) ができるように折ります．また，(c) と (c′) の交点 E を通り，封筒の底辺に平行な折り線 (d) を折ります．(d) に沿ってはさみで切って下の部分だけを残し，折り線 (c)，(c′) を何回かこちら側と向こう側に折り返して折りぐせをつけます．十分折りぐせがついたら，E の部分の表と裏を別々の手でつまんで，手前と向こうにひっぱると，正四面体になります．

私と同年代以上の方なら，牛乳のテトラパックがこのような形をしていたのを覚えていらっしゃることでしょう．最近は，似たような包装の駄菓子も見かけます．筒状のものの両端を留めるとき，平行ではなくねじれの位置になるように接着すればこの形になるので，製造が比較的容易なのかもしれません．

●正二十面体を作る

「穴あきサッカーボール作り」と「封筒で正四面体作り」というふたつのハンズオン・マスの活動を覚えていた私は，「封筒を使えば正二十面体も簡単に作れるのではないか」と思いつきました．そこでさっそく，同じ大きさの封筒 3 枚とセロファンテープで正二十面体を作ってみました．(図 4a, b)

「折り紙で正三角形」や「封筒で正四面体」の要領で折り線 (c) (c′) を折り，表と裏の太線の部分にはさみを入れると，封筒 1 枚で正三角形が 8 個つながったパーツ（ア）を作ることができます．パーツ（イ）は（ア）の半分ですが，正四面体を作

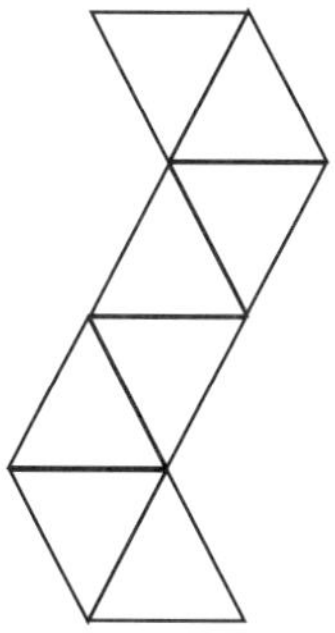

図 5a　正八面体の展開図

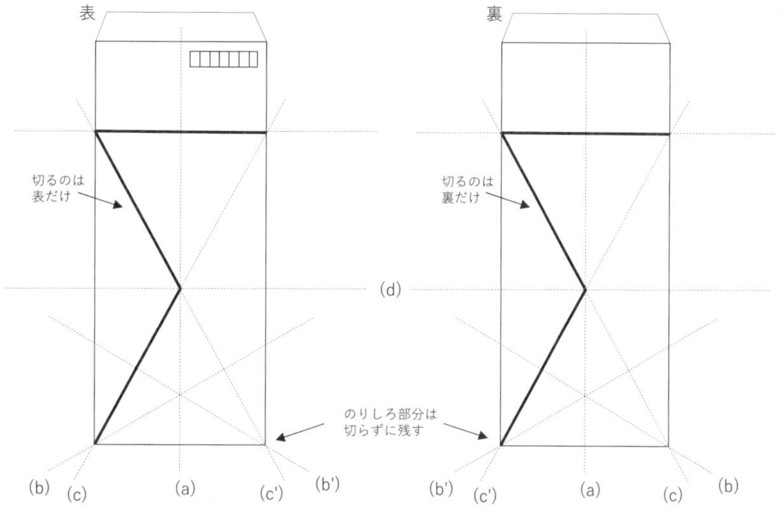

図 5b　正八面体の作り方

ったときに切り落とした封筒の上半分でも作れます．パーツ（ア）ふたつとパーツ（イ）ひとつができたら，展開図の通りに並べてセロファンテープで貼り合わせます．20 個の正三角形のすべての辺が山折りになるように折りぐせをつけたら，あとは各頂点に五つの辺が集まるように，辺と辺をあわせてセロファンテープで貼っていくだけです．セロファンテープは頂点ぎりぎりまで貼らず，少しすきまが残るようにしておきます．すきまから爪楊枝をさしこんで裏側から支えると形を整えやすくなるからです．

こうして正二十面体が出来上がったらよく観察してみましょう．眺める方向によって，輪郭は五角形に見えたり六角形に見えたりします．向かい合うふたつの頂点を北極と南極に見立てると，北極と南極の近くは，正五角形を底面とする五角錐になっています．また，二つの五角錐にはさまれた部分は，正五角形を底面とする五角柱の片方の底面を 36 度ひねった立体「反角柱」になっています．正二十面体にはどんな回転軸があって，それぞれ何本ずつあるか，などと考えれば，その思考は，対称性の理論である群論にもつながっていくことになります．

●正八面体を作る

正二十面体を作るのと似たような要領で，1 枚の封筒から正八面体を作ることもできます．正八面体も，生活空間の中にはあまりありませんが，宝石の原石にこの形をしているものがあったり，アニメ「天空の城ラピュタ」や「新世紀エヴァンゲリオン」でも印象的に描かれているので，正二十面体よりは少しなじみがあるかもしれません．封筒の切り方は少々異なりますが，作業の要領は正二十面体と同様です．（図 5a, b）

封筒で作った正八面体と，同じ大きさの封筒で作った正四面体四つを組み合わせると，辺の長さが 2 倍，体積 8 倍の大きな正四面体を作ることができます（このことはハンズオン・マス研究会の吉田映子先生に教えていただきました）．相似な立体の体積比が辺の長さの比の 3 乗になることを知っていれば，正八面体の体積は（辺の長さが等しい）正四面体の 4 倍であることも直観的に理解できます．

●納得感が得られるハンズオン・マス

私がハンズオン・マスに出会ったのは，NHK 教育テレビで午前中に放送している算数の番組の制作に携わったことがきっかけでした．そのうち，番組制作に関係なくハンズオン・マス研究会に出入りするようになり，研究会代表の坪田耕三先生はじめ，幹事・会員の先生方からさまざまな授業や教材，教具のアイディアを教えていただきました．算数・数学教育への興味はますます深まり，ついには2015年春に社会人大学院に入学．研究のかたわら，街なかで数学的な造形を見つけて喜んだり，その立体を研究会の仲間といっしょに作ったりして日々楽しんでいます．

正二十面体や正八面体を自分の手で作り，それをさまざまな方向に転がしたり眺めたりすると，単に定義を知っているのとはひと味違う納得感が得られます．みなさんも，お手元の材料で正二十面体や正八面体を作ってみてください．言葉にはしにくい新鮮な感覚を，きっと味わっていただけると思います．

●参考文献

［1］ 坪田耕三『ハンズオンで算数しよう』，東洋館出版社，1998.

［2］ 坪田耕三・ハンズオン・マス研究会『ハンズオンで算数しよう 2　楽しい算数的活動の授業』，東洋館出版社，2000.

［3］ ハンズオン・マス研究会ホームページ http://handson.exblog.jp/

（いちたに・そう／ハンズオン・マス研究会）

アメリカに影響を与える日本の算数・数学教育

吉田 誠

アメリカのニュージャージ州に住み算数・数学教育に携わって約20年がたつ．その間にTrends in International Mathematics and Science Study（TIMSS）のビデオ・スタディの事前研究である日米2ヵ国の算数授業のビデオ比較研究に参加したり，日本の算数の授業研究を研究し博士論文として発表したり，アメリカ各地で授業研究の促進・指導をしたり，日本の算数・数学の教科書や指導の英訳にたずさわり，それを活用してアメリカの教師と授業研究をしたり，大学で算数・数学の指導法のクラスを教えたり，チャータースクールの算数・数学学科部長として小中学校の年間指導・評価計画の作成や教師の研修・指導などをしてきた．これまでの経験を通してアメリカの教育者に注目されている日本の算数・数学教育ついてまとめてみた．

1960年頃から数々の児童・生徒の算数・数学の学力についての国際調査が行われてきた．つねに日本の児童・生徒の学力が先進国の中で高いことが報告され，アメリカで日本の算数・数学のカリキュラムや授業についての関心が高まった．

1995年に行われたTIMSS（Trends in International Mathematics and Science Study）では，授業のビデオ・スタディも行われた．この授業のビデオ・スタディは1999年に出版された『The Teaching Gap』という本で報告され，多くの教育者に読まれた．日本でも『日本の算数・数学教育に学べ』というタイトルで2002年に和訳本が出版されている．アメリカ，ドイツ，日本の8年生の数学の授業のビデオを分析し，日本の授業はアメリカのNational Council of Teachers of Mathematics（NCTM）が提唱している授業の形態である，問題解決，数学的考え方，多様な考え方，考え方についての協議，などが顕著に現れる指導方法を行っていると報告している．

また，アメリカの授業は多くの教師がNCTMの推進する授業形態のことは知っているにもかかわらず，分析された授業は教師主導型の指導方法が依然として主流であった．そして，アメリカで授業を改善し児童生徒の学力を向上させるためには，短期間で教育の「改革」を試みるのではなく，長期間で「改善」を試みる日本のような授業研究が必要であると提言した．

日本の授業研究は，児童・生徒が学ぶ場である授業実践を教師の研修の中心におき，児童・生徒の授業中の学習の様子を観察・分析・協議して，同じ学校で勤務している同僚とともに実践の経験と知識を蓄積共有して教師の指導力を少しずつ高めていくシステムであると説明している．また，アメリカで通常行われている短辺的な研修とカリキュラムや教科書の変更での教育改革では，教師の指導力の向上や生徒の学力向上には効果がないと述べている．日本で行われている授業や指導方法は教師と生徒たちで長年築き上げられた文化的な活動であり，ただ単にその方法をアメリカに取り入れるのは容易ではないとし，日本の授業研究のような長期的な目標を掲げ，教師が集まって授業を実践し研究するような研修のシステムを構築していかなければ，アメリカでの教育の改善は難しいと提言した．

この『The Teaching Gap』の影響は強く，2000年ごろからアメリカの各地で授業研究（Lesson Study）が行われるようになった．

たとえば2000年から2002年にかけてColumbia University, Teachers CollegeがNational Science Foundation（NSF）の研究助成金を得てNew Jersey州のPatersonの学校でアメリカでの授業研究の試みについて研究をした．この学校では，これまで同僚の授業を見学したり，自分の授業を同僚に見せて協議をしたり，指導案をグループで検討したりする教師の文化がなかった．日本の教師と比べ算数・数学の知識が低く，また教師主導型の授業で，ほとんどの授業は教師が例題を説明しワークシートを児童・生徒にさせる指導方法であった．だから，授業研究と問題解決の指導方法はこの学校の教師にとって新鮮で画期的なものだった．また，教師が集まって授業を考え，作成し，実践することはこれらの教師にとって楽しく意味のある活動であった．

しかし，授業研究を行っていく上で，いろいろな問題が出た．教師の研修時間が勤務時間内に確保されていないため，研修時間の確保や研修の日程計画の設定が困難であった．教師が集まって研修をするときには代行教員を雇う必要があり，業務と財政の面でも問題が出た．この問題を克服するためには校長の大きなサポートが必要だった．また，授業研究の経験や知識の乏しいアメリカの教師にとって，授業研究の過程(教師が集まって授業の目標を設定し，授業案を考え，授業を教室で行い，同僚と授業を観察し，授業の協議をする)をただ単に進めていくことはできても，授業研究のそれぞれの過程の質を上げ，参加した教師が多くのことを学び，そして教師の指導力や児童・生徒の学力の向上に繋げていくにはいろいろ改善の余地があった．

2004年頃からは，これらの問題点を改善するための新しい動きが出始めた．まず1つは，問題解決の授業の質を高めるために授業研究でよりよい教材研究をすること，そして2つ目は，教材研究を深めるために教師の教材として系統性があり，算数・数学の概念形成を重要視し，問題解決の授業形態を取り入れた教科書を参考にすることが薦められた．

日本の教科書や指導書はこれらの特徴をもち，長年行われてきた授業研究と教材研究の経験と知識が集結されたものなので，英訳され教材研究に活用された．たとえば，2006年に『Mathematics for Elementary School, Grades 1 to 6』(平成元年版の教科書)と2012年に『Mathematics International, Grades 1 to 6 and 7 to 9』(平成22年版の教科書)が共に東京書籍から出版された．

また，2011年から2014年にかけては，Institute of Education Science(IES)の2つのプロジェクトがCalifornia州OaklandにあるMills Collegeの研究チームの先導で行われた．一つ目は，アメリカ教師に日本の系統性のある算数の教科書を提供し実践する研究で，二つ目は，問題解決授業の方法を指導し実践する研究である．日本の教科書をもとに幼稚園から2年生までアメリカのCommon Core State Standards for Mathematicsに沿った教科書がつくられ，いくつかの学校で実践された．また，問題解決の指導のための教材が開発され，プロジェクトに参加した教師はその教材を学び授業研究を通して実践した．

これらのプロジェクトを通して，算数の学年間の内容や単元内の系統性の重要性，新しい概念の導入方法，問題解決型の授業の流れ，児童・生徒の多様な考え方とその練り上げの方法，板書のしかた，等々，少しずつアメリカの教師がよりよい教材研究と授業研究をし，指導力を高めている．

問題解決型の授業において質の高い児童・生徒の協議を行うために，2011年にNCTMから『5 Practices for Orchestrating Productive Mathematics Discussions』という本が出版された．この中で説明されている5つの実践である

Anticipating(児童の反応，多様な考え方)，
Monitoring(机間巡視による児童生徒の学習状況の把握)，
Selecting(多様な考え方の中からどのアイデアを発表させるか選択する)，
Sequencing(発表の順序を考える)，
Connecting(発表したアイデアをどのように関係づけて練り上げるかを考える)

は日本の問題解決型授業の教材研究・授業研究が大きく影響して作られたと言われている．

現在，アメリカで授業研究を実践している学校はまだ数少ない．その中で一番継続して活動を続けているのはChicago Lesson Study Groupに所属するいくつかの学校である．毎年5月には公開授業研究会を開き，多くの授業研究を実践している全米各地の教師の養成に貢献している．また，このグループの学校は日本の英語版の教科書を教材研究に活用し質の高い授業研究を進めている．

アメリカ国内で2年おきに4年生と8年生を対象に行われているNational Assessment of Educational Progress(NAEP)のアメリカの児童・生徒

の算数・数学の学力調査によると，1990 年頃から学力にあまり変化が見られないことが報告されている．2015 年においては約 40% の 4 年生と約 25% の 8 年生が算数・数学に堪能（プロフィッシェント），またはアドバンスと報告されている．

『The Teaching Gap』が発表されて 18 年がたつが，いまだに多くの研修は短期間で教育の「改革」を試みる方法であり，長期間で徐々に「改善」してく方法からほど遠い．教育の方法は長年築き上げられた教師と児童・生徒の文化的な活動である．アメリカの教育者はこのことを忘れず，もう一度『The Teaching Gap』を読み，改善の方法を考える必要があると思う．

（よしだ・まこと／ President, Association of Mathematics Teachers of New Jersey（AMTNJ））

中野敏雄先生を偲んで

藤井將男

●5月4日・5日の出来事

現在の東京珠算教育連盟(東珠連)の前身である東京珠算塾組合の研修部長をされていた中野敏雄先生から，当時(約70年前)のことをいろいろお聞きしたことを，現在の東珠連の役員の先生方に話したところ，是非記録として残したいとの声とともに，中野先生に原稿作成が可能であればお願いしたいとの話を受け，中野先生にその件のお願いのための電話をしたのが昨年(2017年)の5月4日でした．

電話に出られた奥様に用件をお話ししたうえで，直接中野先生とお話しさせていただきたい旨のお願いをしたところ，実は，昨日，体調不良で救急車を呼び，現在入院中とのご返事が飛び出してきました．中野先生のご希望で，今回の入院は私たちにも知らせないで，すぐに退院する予定とのことでした．

しかし中野先生は，ビルの2階と3階で生活されており，救急車に運ぶのも数人の救急隊員さんでやっと車に入れたなどのことも，奥様からその電話でお聞きしたので，退院なさるときにはご連絡いただければ，私も車からお部屋までの移動のお手伝いをさせていただきたいとお話しして電話を終えました．

中野先生はどうされたのか，速くお元気になられたらいいなと思い，またこのときに実現できなかった要件の電話はいつしたらよいか，考えをめぐらしつつ翌日5月5日を迎えましたが，奥様から昼過ぎにお電話があり，中野先生の心臓が止まっていると，病院から呼び出されたので，一緒に病院に行ってほしいとのこと．あわただしく中野先生のお宅経由で病院に行きました．

中野先生の部屋では担当医が待ち構えており，すぐに経過説明ののちに，これ以上の治療は考えられないとのことで，臨終の宣言が担当医から行われ，そこに私も同席させていただきました．私は臨終に立ち会ったのは両親以外では初めてのことで，中野先生との深いつながりを改めて痛感した次第でした．

写真1　いくつになっても，常に思索をめぐらされる先生でした．

●中野先生との出会い

私と中野先生との出会いは，中野珠算塾に入塾したときからでした．といっても，入塾した教室は，中野敏雄先生の弟さんの中野享先生の教室でしたので，指導はもっぱら享先生から行われました．

私が5年生の夏に珠算強化合宿に参加し，塾長の中野敏雄先生の話を聞き，指導を受け，中野敏雄先生の情熱豊かな指導と，享先生と同年代の9人の先生方からの指導も受け，珠算合宿はとても楽しい思い出になりました．

高校生のときに，指導者がいなくなって困っている珠算教場があるのでやってみないか，というお話をいただきました．家族で相談したうえで，

写真 2
トンガでも，そろばん指導では，
きびしい眼差しは欠かせません．

受けさせていただき，羽根木支部支部長として指導者の仲間入りをさせていただきました．

指導者の仲間に入れていただいて以来，中野珠算塾の支部会にも出席し，先輩の先生方の末席で会議に参加するようになりました．いま思えば，この会議での中野敏雄先生のお話の中に，塾経営の話，珠算指導法の話以外に，弟子教育のことがふんだんに盛り込まれており，大学卒業までに立派な社会人としてどこに出しても恥ずかしくない人づくりをしなければならないとの話がなされたのでした．

私は父親を中 1 で亡くし，8 歳上の姉と母の三人家庭で育てられました．父親からの指導は皆無で中学高校時代を過ごしましたので，私は全くの世間知らずでした．

ある支部会で，中野先生から厳しく叱責されたことがありました．どう対応すればよいか困り果てた際，隣の先輩支部長から，「速く謝ったほうがいいよ」と小声で助言され，頭を下げて謝罪したところ，私のことは終わり，会議は他の案件に移ったのでした．その後，中野先生から謝り方について，叱責された直後には何も言わずにまず謝ること，叱責されたことに関して納得できないことがある場合は，数日後に「過日の件ですが」として話し合うことなどを，指導をしていただきました．

●トンガ訪問について

昭和 51 年(1976 年)，大東文化大学のラグビー部顧問をされていた中野敏雄先生は，ラグビー部を引率してニュージーランド遠征に行かれました．そしてラグビーの練習の合間に抜け出して，トンガに一人旅をされたのです．

トンガ滞在中に国王陛下と謁見，そろばん指導に興味関心を抱いておられたツポウⅣ世陛下とそろばん指導について懇談を交わし，最終的にトンガの先生方にそろばん指導法を紹介してほしいとの依頼を受けて，ラグビー部とともに帰国されました．

直ちに支部会が招集され，中野珠算塾の先生方によるトンガ訪問団を編成するか否か話し合われ，実施することになりました．

昭和 52 年(1977 年)を 1 回目として，今年私は 41 回目の訪問をする予定になっていますが，このうち 25 回までは中野先生とご一緒させていただきました．26 回目からは，それまでの 25 回の経験を生かして，私が責任者となってトンガを訪問し，教育大臣，次官らと話し合いを実施しています．

中野先生と 25 回もご一緒させていただいた間，

大臣との謁見前にはどのような準備をなさっていたか，さらに謁見時の言葉使い，物腰はどのようであったかなど，ずっと勉強させていただいていたので，お身体の都合で長時間の飛行機が許可されなくなり，ドクター・ストップになってしまわれた中野先生の後を引き継ぐ形で，私がトンガを担当することができたことを思うと，中野先生への深い感謝の気持ちを決して忘れることはできません．

トンガでの珠算教育紹介活動がこのように長く継続し，カリキュラムにはそろばんが算数の一部として書き込まれ，したがって教科書にもそろばんのページがあり，教員養成学校の小学校担当の学生にはそろばん指導法の講座が設定され，この講座を履修し単位を修得しなければ教員免許を取得できないという，世界に類を見ない，日本以上の珠算教育環境の最もよく整備された国トンガとなったのも，中野先生が根気よく教育省幹部と話し合われたおかげだと，深く感謝しています．

最初は16人での訪問でしたが，次第に参加者は減少し，結局中野先生と二人だけで訪問したことが5回もありました．そんなことから，初めは私は中野先生の孫弟子ですから大きな距離のあった藤井・中野の関係も，トンガ訪問のたびに距離感は減少し，最終的に直弟子以上に面倒をみていただく関係になっていました．

考えてみれば，トンガ訪問は私にとって大きな負担になっているともいえますが，その負担以上に今日の私を育ててくれた大本になっているような気がします．まさに中野先生がよく口にされていた「損して，得取れ」でした．

写真3　トンガでは，夕食時のアルコールとともに，和やかな二人です．

●中野先生の信念と業績

大東文化大学で，就職部長になられたとき，創意・工夫・努力をされて，それまで入社したことのなかった一流企業に入社する学生を作られました．

2部にいたラグビー部の顧問になられたときには，トンガから留学生を入学させて，日本ラグビー界に大東大旋風を巻き起こしました．1部に上がるだけでなく，大学日本一を複数回も獲得したのです．

古くは一学年の生徒数が50人にも満たない高等学校を，1年がかりで生徒募集の運動を展開して，受験生が300名を超えるように創意工夫をし，都内私学経営者の注目を集めたこともありました．

支部会で私たちによく話をされた創意・工夫・努力に関して，中野先生は，口だけでなく，上記のような業績を通して実証してみせていただいたので，本当にすごい指導力だった思います．

●まとめ

5月5日の11時半に「昼食は？」との問いかけに不要と返事をされ，そのとき異常を看護師さんも感じなかったという中野先生でしたが，1時間後の巡回で，心臓が停止していることが発見されたとのこと．入院中で，手元にナースコールがあるにも関わらず，それを使用することなく他界されたということは，元気に駆け抜けた96年間の実に静かな幕引きだったと思います．

それにしても冒頭の珠算塾組合の時代の様子をはじめ，まだまだご指導いただきたかったことが山積している中での急逝に，残された私たちは戸惑いを感じてはおりますが，先生が手掛けられた中野珠算塾，NPO法人国際珠算普及基金，日本数学協会，トンガ珠算教育協会(Tonga Soroban Education Association)を，残された者の知恵を絞り，先生のご遺志を生かして，それぞれ発展させていかなくてはと考えております．

どうか安らかにお見守りください．合掌

（ふじい・まさお）

●特集／カントルと集合論――没後100年を記念して

ゲオルク・カントルと彼の集合論

長岡亮介

0. はじめに

ゲオルク・カントル(Georg Ferdinand Ludwig Philipp Cantor)は1845年3月3日に生まれ，1918年1月6日に亡くなった．今年2018年はちょうど没後100周年ということで，この原稿を書くことになった．

カントルについて，一般に共有されているのは，「集合論の創始者であり，集合を通じて，無限の世界を開拓した数学者でありながら，当時の数学界の権威から認められず不遇の生涯を送ったが，にも関わらず，その後の数学の展開にさまざまな影響を残し，しかも現代数学の基盤となる方法を開拓した点で数学史上偉大な数学者の一人である」という命題ではないだろうか．必ずしも間違っているわけではないが，多くの点で不正確である．これに由来する誤解も少なくない．しかし，カントルの集合論の展開は多様な側面をもち，「カントルにおける集合論の創造の全容」を簡潔に述べることは，小論ではもちろん，原稿のスペースを少々多めにいただいたところで到底不可能であることを承知しつつ，にも関わらず1970年代に世間を席捲した「数学教育の現代化運動」以来，しばしば語られてきた「集合論的な考え方」の起源と思われている集合論の草創期の実際の姿を少しでも明らかにしたいと願って本稿を書く．

実は，我々がカントルを誤解しがちなことの原因の一つは，カントル自身にあるといってもよい．それはカントル自身と集合論との関係が，最初から定まっていたのではなく，自身の研究の進展とこれに対する周囲からの評価などを通じて，時間とともに大きく変わってきたからである．実際，カントル自身の集合論的な思索，あるいはカントルと集合論への関係は，彼の人生を通じて，大雑把に別けて次の3つのかなり異なるフェーズに分割できる．

1. 通常の解析学的な研究経過から自然にカントルが導かれた集合論的発想とその可能性を探り始める，いわば集合論の誕生・幼少期の段階：この時期の最大の数学的成果は，実数全体の非可算性の発見とその証明であり，素朴集合論の面白さ，無限集合という概念のもつ深遠の瞥見から来る興奮が研究を貫く主動機となっていたよき時代である．
2. 「集合」，「濃度」，「超限順序数」というカントル集合論の基本概念，言い換えると集合論研究の枠組みが整備され，数学界の権威からの冷たい視線に抗してでも，点集合論を中心として，自己の集合論を，数学的巨人の新しい空間論の革新性に重ねて，《数学的な新しい無限論》として熱心に提起した集合論の発展期(と反抗期)：この時代の最大の数学的成果は，「自然数m, nの値によらず多次元実数連続体$\mathbb{R}^m$と$\mathbb{R}^n$の間に1対1対応が付けられること(連続濃度を越える濃度の困難性)の発見とその証明，および，基

カントル

数の拡張としての濃度概念と対というべき，序数の拡張から得られる超限順序数[*1]のもつ濃度論への重要な役割についての(少なくともこの時期のカントルにとっては)過大な期待である．集合論への漲《みなぎ》る意欲は，これは既に1878年に発表される最初の本格的な集合論の論文に見られるが，これ以降の論文では，周到な注意に基づく緻密な数学的技法の展開は次第に影が薄くなり，その翌年から4，5年をかけて連載する，この後に詳述する一連の論文においては，圧倒的な精神的な高揚感が全体的に印象的である反面，数学と哲学的な関心の混在が，きわどいバランスをとっているように映る．

3. 自身の提起した連続体仮説の証明を目指ししつつ，自身の理論に対する一般の理解への落胆と集合論への消滅しない野心をもって，集合論を点集合論から独立した抽象的な理論へと整備していったカントル集合論の理論的整理期：この時期を代表する仕事が，このあとに述べる彼の最も長大な論文である．

カントルの名前を数学史上不滅にしたのは，第1期から第2期の，発想が比較的単純な集合論的論文(内容的には「点集合論」と呼ぶべきものが圧到的に多い)の内容であり，他方，カントルの名でしばしば引用されるのは，有名な対角線論法をはじめ，『数学年報』の1895年号と1897年号に連載して書かれた長大な論稿 “Beiträge zur Begründung der transfiniten Mengenlehre”(直訳すれば，「超限集合論への諸貢献」)[*2](以下「諸貢献」と略す)であって，これは上に述べたカントル集合論の第3期にあたる仕事である．この論文には解説付きの邦訳『カントル超限集合論』(功力金二郎・村田全訳，共立出版)もあるが，カントル自身にとって，もっとも重要な意義を担っており，彼の数学をめぐる哲学的な考察が十全に展開された論稿は，これよりずっと前に，第2期に書かれた “Über unendliche lineare Punktmannigfaltigkeiten”(直訳すると「無限線状点多様体について)

＊1　単に，有限の否定としての無限 infinite ではなく，有限を超越した先にある，という意味で，カントルは超限 trasfinite と表現した．

である．これも『カントル全集』で100ページを越す大論文である．それはNr. 1〜Nr.6までの6編に分かれているが，Nr.1からNr.4(そして続くNr.6も)が，『カントル全集』における次図[*3]に示すようなまとまった扱いが象徴するように，数学の比較的通常のスタイルで書かれている．

4. Über unendliche lineare Punktmannigfaltigkeiten.

[Math. Annalen Bd. 15, S. 1—7 (1879); Bd. 17, S. 355—358 (1880); Bd. 20, S. 113—121 (1882); Bd. 21, S. 51—58 u. S. 545—586 (1883); Bd. 23, S. 453—488 (1884).]

[Anmerkungen] zu Nr. 1—2 siehe S. 148, zu Nr. 3, S. 157, zu Nr. 4, S. 164.

それに対して，Nr.5は，哲学的な論議の展開を明確に意図したもので，その叙述スタイルは数学論文としては極めて異質であり，「カントルの数学の形而上学」とでも形容しておかしくないものである．実際，カントルはこれを *Grundlagen einer allgemeinen Mannigfaltigkeitslehre*(一般多様体論の基礎づけ)という表題で，発表中の数学誌の論文とは独立したリーフレットとして出版したのだが，それほどまでに，彼の情熱は狂おしいほど高揚している．

Nr. 5.

Grundlagen einer allgemeinen Mannigfaltigkeitslehre (Leipzig 1883).

[Anmerkungen des Verfassers vgl. S. 204; des Herausgebers S. 208.]

カントルの思想あるいは哲学に入るためには，これを避けることはできないが，他方，数学に限定すれば，これらの中で展開されていることは，アリストテレス以来の形而上学に対して，少なくとも「無限」に関する議論に関する限りは，完全に塗り替えることができる，という思い(あるいは，意気込み，悪くいえば思い込み)にすぎないので，本誌の性格から考えて，本小論ではこの部分を禁欲し，あまり知られていない彼の初期の数学的業績の展開を中心に，少し歴史的な議論を交えてできるだけ簡潔にまとめたい．

なお，これらの論文を発表した後に，巨大な精神的なストレスからであろう，カントルは療養を余儀なくされる．第2期と第3期の間にはこの療養生活がある．これが，空白の期間を説明する．

1. 数学者としての出発

高校時代から数学に秀でた才能を発揮していたカントルではあるが，「技術界の輝ける星に」という父親の希望で最初はチューリッヒの工科大学に入学した．

---

*2　この論文は，以下でしばしば引用するツェルメロ(Ernst Friedrich Feridinand Zermelo, 1871-1953)の編纂したカントルの全論文集 “*Gesammelte Abhandlungen mathematischen und philosophischen Inhalts*”(数学哲学論稿集)，1922(以下**『カントル全集』**と略す)約500ページの全体で中で，この論文だけで204ページを占めている．この長大さについては，『カントル全集』の主要部をなす「第3部 集合論関係論稿集」約240ページにおける相対的な大きさを考えてみても，また，フレンケル(Adolf Abraham Halevi Fraenkel, 1891-1965)による30ページ余の『カントル伝』やデーデキントとの往復書簡の一部を含め編者が「第4部 数学史，無限を巡る哲学についての論稿集」としてまとめた126ページと比較しても群を抜いていることが分かるであろう．

*3　冒頭の数4は，この論稿が『カントル全集』「第3部 集合論関係」の4番目にあることを意味する．

しかし，数学への夢断ちがたく父親を説得して数学の勉強に集中し，父親の死を契機に1863年にベルリン大学に移る．そこで，多くの偉大な数学者と優れた同僚に会う機会を得て，1864～1865年の間ドイツの数学会のために会長としての活動にも尽力しつつ，1867年，2次不定方程式の数論的研究でベルリン大学から学位を受ける．

その後，女学校で勤務しながら，大学教員就任資格（Habilitation）を目指して研究を進め，1869年にハッレ（Halle）大学への就職斡旋を受け，直ちに数論に関する論文を完成して大学教員就任資格を得る．カントルはそれ以来亡くなるまでハッレで過ごすことになる．

ハッレ大学でのハイネ（Heinrich Eduard Heine, 1821-1881）との出会いはカントルにとって大変影響の大きなものであったようで，ハイネの示唆で，数論的な興味から，三角級数の主題に関心を移行させる．とりわけリーマン（Georg Friedrich Bernhard Riemann, 1826-1866）の有名な論文 "Über die Darstellbarkeit einer Function durch eine trigonometrische Reihe"（三角級数による任意の関数の表現可能性について，1854）以降，フーリエ係数をもった三角級数（いわゆるフーリエ級数）以外の三角級数の存在が示唆され，ある種の仮定の下では，フーリエ級数以外には存在しない，という「三角級数の一意性問題」が成立した．大雑把にいえば，ハイネは，ワイエルシュトラス（Karl Theodor Wilhelm Weierstrass, 1815-1897）の講義で学んだ理論，後に確立する用語を使えば，一様収束する級数と項別積分の関係を利用して，ハイネの意味で「広義に」（すなわち有限個の例外点を許しても）連続な関数に「広義に」一様収束する三角級数は高々一つである，すなわち，フーリエ級数に限る，という定理を導いた（"Über trigonometrische Reihen"（三角級数について），*Journal für die reine und angewandte Mathematik*（純粋及び応用数学雑誌，出版の中心人物の名に因んで "*Crelle's Journal*"（『クレッレ誌』）と呼ばれることも多い．以下 *Journ. f. Math.* と略す），Bd. 71, 1870．ハイネは，収束に関する仮定をさらに緩めて一意性問題を解決できないかという問題をカントルに提示し，カントルはこれに興味をもち，すぐ1870年に一応肯定的に解決した論文 "Beweis, daß eine für jeden reellen Wert von x durch eine trigonometrische Reihe gegebene Funktion $f(x)$ sich nur auf eine einzige Weise in dieser Form darstellen läßt"（任意の x の値に対してある三角級数で与えられる関数 $f(x)$ は，このような形で一意的に表されることの証明）[*4] を発表する．まさに論文のタイトル通りの業績であった．しかし，この論文で用いられた手法は，リーマンがゲッチンゲン大学への Habilitation として用意した論文で開発した手法に倣ったもので，カントルの独創的手法というわけではなく，また，その結論として得られた「いたるところ収束する三角級数は一意的である」という命題も，三角級数論の展開から見れば保守的な業績にすぎなかった．すでに，最初にフーリエ級数の収束性を証明したディリクレ（Johann Peter Gustav Lejeune Dirichlet, 1805-1859）ですら，区間 $[-\pi, \pi]$ に有限個の不連続点と極値点をもつ関数のフーリエ級数は，不連続点で関数値ではなく左右の片側極限の平均値に収束することを証明（1837年）し，さらなる特異点の許容への研究方向を示唆して

＊4　*Journ. f. Math.*, Bd 72, 1870.

いたからである．

なお，カントルは，この論文の定理を証明するために，補題を準備した[*5]が，クロネッカー(Leopold Kronecker, 1823-1891)が指摘したように，この補題は必要でなかった[*6]．その後，カントルは，上記論文を少し発展させた短い論文を2つ書く[*7]が，集合論に向かっての重要なステップを踏み出したのは，次の少し長い論文 “Über die Ausdehnung eines Satzes aus der Theorie der trigonometrischen Reihen”(三角級数論の一定理の拡張について)(以下「拡張について」と略す)[*8]においてであった．

『カントル全集』では，この論文は，「第1部 数論および代数学関係7編」に続く「第2部 関数論関係9編」の5番目に分類されているが，集合論へとカントルを導くことになる決定的な業績であった．時間的には次に発表された論文 “Über eine Eigenschaft des Inbegriffes aller reellen algebraischen Zahlen”(実の代数的数全体という概念的包括のある特質について，以下「一性質」と略す)，*Journ. f. Math.*, Bd. 77, 1874に続く論文が『カントル全集』では「第3部 集合論関係9編」に分類されていて，この第3部が『全集』の大部分を占めるカントルの集合論研究である．ただし，その端緒となった論文「一性質」は，濃度問題という集合論的なアプローチへの明確な第一歩ではあることは明らかであるものの，実数全体とそのある部分集合との間には1対1対応が付けられないだろうという集合論的な発想の起源は，すでに直前の論文「拡張について」の中に見ることができることに注意してほしい．それを少しだけ詳しく見てみよう．

2. 三角級数から集合論へ

論文「拡張について」は，ページ数からいっても従来の論文よりもかなり重量級である[*9]が，1870年以来のカントルの一意性問題の研究の自然な発展であるだけでなく，そこに驚くべき跳躍が見い出される．実際，論文「拡張について」は，従来の定理の単なる拡張というよりは，その拡張の方向に，集合論への発展を明確に予感させる新機軸が含まれるものであったからである．技術的な詳細は省き，このことを端的に表す点に絞って「拡張について」を紹介しよう．

カントルの三角級数の一意性の研究は，三角級数の収束についての例外点を増やしても一意性が保たれるという趣旨で，このような《許容例外点》を増やす方

---

*5 “Über einen die trigonometrischen Reihen betreffenden Lehrsatz”(三角級数に関する一つの補題について)，*Journ. f. Math.*, Bd. 72, 1870.

*6 これに関してクロネッカーの指摘がカントルを集合論研究へと誘ったというごとき主張があるが，まったく根拠がない．

*7 “Notiz zu dem vorangehenden Aufsatze”(先行する定理への補註)，*Journ. f. Math.*, Bd. 73,1871と “Über trigonometrische Reihen”(三角級数について)，*Mathematische Annalen*(数学年報，以下，*Math. Annal.* と略す)Bd. 4, 1871.

*8 *Math. Annalen*, Bd. 5, 1872.

*9 分量を比較しやすい『カントル全集』のページ数にして，前の2つはそれぞれに4ページ，5ページ，それに対して，「拡張について」は11ページもある．この分量の問題もありうるが，格式の高い数学誌*Journ. f. Math.*(いわゆる『クレッレ誌』)ではなく，直前の論文と同様，新興の雑誌*Mathematische Annalen*に投稿された．これについての経緯の詳細は不確かであるが，論文の運びが伝統的な価値観から見てやや異質に映ったため，という可能性も考えられる．

向で進んできた．「拡張について」の中でカントルが行なったのは，彼の表現では，「ν 階の(der ν^{ter} Art)点集合」なら許容できる，ということの証明であった．

ここで，「ν 階の点集合」とカントルが呼ぶものを，いまなら学生でも「位相」で学ぶ言葉で簡単に紹介しよう．実数のある点集合 P の極限点(あるいは境界点)を全部集めた集合を P の**導集合**(カントル自身の表現では abgeleitete Menge)という．カントル自身もあげている例であるが，P が $\left\{1, \frac{1}{2}, \frac{1}{3}, \frac{1}{4}, \frac{1}{5}, \frac{1}{6}, \cdots, \frac{1}{n}, \cdots\right\}$ の場合ではその導集合 P' は $\{0\}$ であり，これは有限集合なので，この導集合，つまり P の 2 階の導集合 P'' は空集合[*10]である．このように有限回，カントルの言葉では ν 番目の導集合が有限集合になり，$\nu+1$ 番目の導集合が空集合となる点集合 P のことを，ν 階の点集合という[*11]．有理数全体の集合のように，1 階の導集合が実数全体となり，以下，何回導集合を取っても変わらない集合もあるが，同じ要素であっても，それらの間に「概念的な区別」をつけることは大事である，という注意とともに，任意の自然数 ν に対して ν 階の点集合が，いくらでも自然に想定することができる，というのがカントルの自慢であり，そのために，論文「拡張について」は，短い序文を除いて 3 節からなっているもので，そのうちの半分弱(約 4 ページ)を占める第 1 節は，実数を有理数のコーシー列[*12]によって定義するカントルの実数論を展開したものである．これが発表された 1872 年は，デーデキント(Julius Wilhelm Richard Dedekind, 1831-1916)の名を，「切断 Schnitt」という用語とともに数学史に一気に大衆化したリーフレット“*Stetigkeit und irrationale Zahlen*”(連続性と無理数)が出版されたのと同じ年である．カントルとデーデキントがともにベルリン大学でワイエルシュトラスの講義に参加して強い影響を受けており，また，二人がこの数年前から親密な個人的交際を続けてきたことを考えれば，この同時性には偶然以上の事情が隠されている．

その中で，カントルは，通常の有理コーシー列(あるいは有理数列に対応する数直線上の有理点列)は一般には 1 個の実数(あるいは数直線上の対応する 1 点)を定義すると議論を運ぶ．

当然のことながら，異なるコーシー列が同じ実数を定義することがあり得るので，今風に述べれば，そのような同じ実数を定義するという「コーシー列どうしの同値関係で割った商集合」を考えるということなのだが，カントルはそのような言い回しをせず，古典的な表現で済ませている[*13]．

---

*10　カントルはこの時点では空集合という表現をもたず，「P' 自身は導集合をもたない」と表現してる．点集合 Punktmenge という表現を使いつつも，学校数学にありがちな「話の先が見えない」という意味で空疎な集合論的方法一般を志向していない点に注意を向けたい．

*11　カントルは後に，「ν 階の集合」と「ν 回目の導集合が有限集合となる元の集合」を指す術語を整理して，何番目かの導集合が有限集合になるような集合のことを *von der ersten Gattung*(第 1 種)と呼ぶようになる．

*12　カントルの時代には，まだ，**基本列**という術語が一般的であった．

*13　この点では，カントルの実数の定義は，後に有理数や実数全体の集合あるいは数直線の《位相構造》と《代数構造》とを暗黙に仮定していることは歴史的な視点から興味深い．

それ以上に興味深いのは，もしかするとそれによって定義されるのは既知の有理数かも知れないが，これらの間に「概念的な区別」を設けることが重要であるとカントルが主張することである．

そして，さらに，このコーシー有理列の各項(に対応する点列)に収束するコーシー有理列の各項の全体を P と考えると，この集合は，その導集合として先ほどの有理点列をもち，その有理点列の極限点として最初に定義された 1 個の実数がでてくる，ということで P は 2 階の点集合ということになる．

こうして，3 階，4 階，…，ν 階の点集合を考えることが自然にできるというのである．

このような実数の間の「概念的な区別」の意味に対してデーデキントは明確に否定的で，二人の間の友情にも関わらず，デーデキントは自分のリーフレットの中で，カントルによる実数論を自分のそれと似たものとして取り上げながら，その実数の間の概念的な区別には冷淡なコメントを残した．デーデキントにはカントルの三角級数論の展開が視野に入っていなかったからであろう．

そして，ν は，自然数としていくらでも大きく取ることができ，それが増大すれば，ν 階の点集合の《密度》はどんどん上がってくる．にも関わらず，実数[*14]全体に対応する直線の中で，無視できるほど許容可能な，つまりは小さな存在にすぎない，というカントルの結果は，実数の広大無辺性を，旧来の無限という平凡な言葉では語りきれない，という確信を抱かせるに十分なものであったに違いない．残念ながら，文献的にこれを証明することはできていないが，カントルが，「ν 階の点集合は自然数と 1 対 1 対応がつく(すなわち可算，あるいは可付番)，それに対して実数全体はそうではない(非可算である)」という仮説を抱いたことは想像に難くない．唯一の手がかりとなる資料は，デーデキント宛に書いたカントルの書簡に，「実数全体と自然数全体が 1 対 1 対応がつかないことは明らかなように見えるけれど証明ができない」という趣旨のフレーズが残されていることである．これに対する返書で，デーデキントは「この予想は正しいだろうが，興味を引かない」という趣旨のそっけないコメントを返している．友情にも関わらず，問題意識の前後関係が共有されていなかったことの別証明でもある．

3. 集合論的な手法の本格始動

そのような往復書簡がいくつか続いた後，カントルは「一性質」を発表する．名門『クレッレ誌』に投稿されたこともあって，掲載に至るまでにはいろいろな曲折があったといわれている．そのことはそもそも表題に現れている．というのも，この論文の重要な核心は実数全体の非可算性の証明にあり，代数的数(複素数まで含めたとしても)の可算性のほうは数学的にはほとんど明らかである．実際，代数的(実)数に関しては，$a_0, a_1, \cdots, a_n$ を $a_0 > 0$ の整数として，方程式

*14 当時は数とは呼ばず，実の《量》と呼ぶのが一般的であった！ 数は，古代ギリシャ以来の伝統を守り，自然数で簡単に，現代風にいえば有限的に，記述できる有理数までであった！

$$a_0\omega^n + a_1\omega^{n-1} + \cdots + a_n = 0$$

を満たす代数的(実)数ωに対して，その高さ(Höhe)を

$$N = n-1 + a_0 + |a_1| + \cdots + |a_n|$$

と定義すれば，与えられた高さの代数的(実)数は有限個であるので，全体として可算である，というだけの話である．

他方，実数全体に関しては，その証明は本来実数の定義に絡むことであるが，カントルは次のように議論を組み立てる．まず，何らかの規則にしたがって一列に並べられた任意に与えられた実数列

$$\omega_1, \omega_2, \omega_3, \cdots, \omega_\nu, \cdots$$

に対して，任意に与えられた区間(α, β)の中に，この数列の中に現れない数が少なくとも1つ(したがって無限に多く)存在する．というのは，その区間にはじめて登場する上の数列の項を2つ取り，それを両端とする区間(α', β')に対してまた同じことを行い，以下同様に繰り返すという，区間縮小法的な議論を組み立てることによって，縮小する区間列

$$(\alpha, \beta) \supset (\alpha', \beta') \supset (\alpha'', \beta'') \supset \cdots \supset (\alpha^{(\nu)}, \beta^{(\nu)}) \supset \cdots$$

を組み立て，したがって，

$$\alpha < \alpha < \alpha'' < \cdots < \alpha^{(\nu)} < \cdots$$

$$\beta > \beta' > \beta'' > \cdots > \beta^{(\nu)} > \cdots >$$

という，ともに有界な単調列ができる．それぞれの極限を$\alpha^\infty, \beta^\infty$とおく．そして，仮に$\alpha^\infty = \beta^\infty$であるとすると，これを$\xi$とおけば，この$\xi$は与えれた実数列$\{\omega_\nu\}$に含まれないことになり矛盾する．他方，$\alpha^\infty < \beta^\infty$とすれば，区間$(\alpha^\infty, \beta^\infty)$の間に含まれるはずの実数は，与えられた実数列$\{\omega_n\}$に現れない実数である，というワイエルシュトラス流の実数の扱いに基づく証明であった．(はじめに述べたように，今日，カントルの名前で有名ないわゆる「対角線論法」を使った証明が登場するのは後の論文においてである．)

カントルは序文で，論文本稿の第1部の記述と第2部の記述を結合すれば，任意の区間に超越数が存在するというリウヴィル(Joseph Liouville, 1809–1882)の定理の別証が得られるという自分の論文の「歴史的意義」を宣伝し，また，第2部を終えてからもさまざまな方面への応用の道が拓かれていると述べて数論的な応用を例に引いているが，それらはいずれも革新的な応用というわけではない．このような，取って付けたような，いささか筋の悪い部分は，これなくしては名門の『クレッレ誌』への掲載が拒否されたという背景があって，著者の希望に反して追加を要求されたことを暗示している．

4. 本格なカントルの集合論の世界

「一性質」を発表してから数年して，カントルは『クレッレ誌』に，“Ein Beitrag zur Mannigfaltigkeitslehre”(多様体論への一貢献)(以下「一貢献」と略す)*15 を発表する．前述した実数の非可算性を証明した論文発表以降もデーデキ

*15 *Journ. f. Math.*, Bd. 84, 1978.

ントとの間には往復書簡が続いていたが，その中で，あるときカントルが直線上の点(実数)と平面の点(2次元の実数)との間には1対1対応がつけられないという予想を述べ，「しかしもし1対1対応がつくとすれば，座標，次元の概念の崩壊を意味するであろう」と書く．これに対してデーテキントは，座標や次元は，点と座標との関係の連続性が鍵となっており，単なる1対1対応の問題とは異なる，という実に冷静で聡明な見解を伝える．

それに気をよくしてかどうか，具体的な詳細までは分からないが，カントルは，あるとき異次元連続体の間にある1対1対応の可能性を肯定的に解決した．これを報告するデーデキント宛の書簡に，その後有名になったフレーズ

Je le vois, mais je ne le crois pas! [*16]

が出ている．カントル自身にとってもこの発見が相当に意外なものであったということである．

そしてこの成果をきちんとした論文としてまとめたのが“Ein Beitrag zur Mannigfaltigkeitslehre”であり，『カントル全集』で25ページにも及ぶ大論文である．カントルは以下に紹介するように，集合論の基本スキームの紹介から入っており，これが彼の集合論についての本格的な仕事であると考えるのは自然である．

しかし，現代人は(おそらくカントルの同時代人たちも)そもそも“Mannigfaltigkeitslehre”(多様体論)という用語に少なからぬ違和感を覚えることであろう．この異様な術語にひきずられて，カントルにおける集合概念がいかに成立していったかを，カントルが集合を表す語句を通じて語ろうとする議論もかつてはあった．確かに，これに先立つ論文では，代数的実数全体の集合について“Inbegriff”(概念に包括される全体．いわば概念的総体)という，いささか哲学めいた表現が使われており，その前の論文では“Punktmenge”(点集合)という平板な日常用語が使われていた．これらは，下に述べる意味では，カントルが与えようとしているMannigfaltigkeitの定義にはあてはまるものの，カントルがこの段階で想定していた「多様体」とは異なる，「単なる集合」あるいは「概念Begriffで規定される多様体の部分集合」にすぎない．確かに，「一貢献」冒頭で述べられる定義を字面だけを追うと，カントルがMannigfaltigkeit(多様体)という言葉を，抽象的で一般的な集合概念を指すために使い始めたと考えたくなるかも知れない．しかし，この論文全体のストーリーを考えると，この主張には無理がある．以下に詳しく述べるように，カントルがこの論文で主題として取り上げるのは，我々の言葉と記号を使うなら，自然数nの値によらずn次元実連続体$\mathbb{R}^n$が1次元実連続体$\mathbb{R}$と1対1対応がつくことの含意する革新的な意味についてであり，そのための準備として一般的な概念を準備するものの，20世紀のいわゆる現代数学の基礎となる抽象的な集合概念ではないからである．

本来は心踊る大発見として躍動的に語られてもよいはずの内容をもつこの論文は，にも関わらず，「多様体」という奇妙な(おそらくはリーマンの術語の，かな

---

*16　わかりやすく記せば「頭では分かるが，心で納得できない！」．

り強引なカントル的な解釈に基づく）用語を表題にもちつつ，しかも，当時の一般的な論文の気風とは違い，また，従来のカントルの論文とも違い，現代数学ですっかり定着している文体，すなわち，極めて単純な基礎概念から出発して，坦々とした数学的な議論が冷静に組み立てられていることに注目したい．この文体から，カントルの集合論へかける落ち着いた意気込みの始まりを感じてほしいとの願いから，少し長くなるが，この論文の冒頭を敢えて引用しよう．

> **Wenn zwei wohldefinierte Mannigfaltigkeiten M und N sich eindeutig und vollständig, Element für Element, einander zuordnen lassen (was, wenn es auf eine Art möglich ist, immer auch noch auf viele andere Weisen geschehen kann), so möge für das Folgende die Ausdrucksweise gestattet sein, daß diese Mannigfaltigkeiten *gleiche Mächtigkeit* haben, oder auch, daß sie *äquivalent* sind. Unter einem *Bestandteil* einer Mannigfaltigkeit M verstehen wir jede andere Mannigfaltigkeit M', deren Elemente zugleich Elemente von M sind. Sind die beiden Mannigfaltigkeiten M und N nicht von gleicher Mächtigkeit, so wird entweder M mit einem Bestandteile von N oder es wird N mit einem Bestandteile von M gleiche Mächtigkeit haben; im ersteren Falle nennen wir die Mächtigkeit von M *kleiner*, im zweiten Falle nennen wir sie *größer* als die Mächtigkeit von N.**

簡単に邦訳すると次のようになる．

> 2つの正しく定義された多様体 M, N がそれらの要素一つ一つに互いに対応づけることができる（このことは，ある仕方でできるなら，多くの他の仕方でもなされ得るのであるが）ならば，以下の叙述において，これらの多様体は**等しい強度**をもつ，とか，また「それらは**同値**である」という言い回しをしてもよいであろう．ある多様体 M の**部分**という語で，その要素がまた M の要素でもあるような任意の他の多様体 M' を意味する．2つの多様体 M と N が等しい強度をもつのではないときは，M が N のある部分と，あるいは，N が M のある部分と同じ強度をもつことになろう．前者の場合には，M の強度は N の強度より小さいといい，前者の場合には，M の強度は N の強度より大きいという．

「正しく定義された wohldefinierte」は well-defined という英語のほうが一般には馴染み深いであろうが，同値関係で新しい概念が定義できるという言い回しと同様，19 世紀後半のドイツ数学界に始まる現代数学の新潮流を象徴する用語である．もちろん，「多様体」を「集合」に，「部分」を「部分集合」に，「強度」を「濃度（あるいは基数）」に置き換えれば，上の内容は，現代ではよく知られた健全で素朴な集合論の議論である．いわゆる真部分集合と部分集合の区別は言葉の上では鮮明ではないが，以上の文脈から判断して，カントルのいう「部分」は真部分集合を指すと考えるのが自然である．

そして，集合 M の強度を $\#(M)$ と表し，「等しい」「より小さい」「より大きい」をそれぞれ $=$，$>$，$<$ で表すならば，最後の部分は

$$\#(M) \neq \#(N) \Longrightarrow \#(M) < \#(N) \text{ または } \#(M) > \#(N)$$

と定式化できる．これは現代なら選択公理が絡みそうな問題であるが，カントルは当然のことながら，このような議論を展開するためにいかなる公理が必要であ

るか，まったく気にしていない．他方，この定理によく似た

$$\#(M) \leqq \#(N) \text{ かつ } \#(M) \geqq \#(N) \Longrightarrow \#(M) = \#(N)$$

は，わが国では「ベルンシュタイン(Felix Bernstein, 1878–1956)の定理」[*17]と呼ばれることの多い命題であるが，すぐ後にカントル自身が述べるように，カントルは最初の集合論の提起というべき本論文において，早くもこれが自明な問題でないことをきちんと指摘している．

カントルは，上に引用した冒頭の直後，「考えるべき多様体が有限，すなわち有限個の要素からなる場合は，その多様体の強度の概念はその個数(Anzahl)の概念と，したがって正の整数の概念と一致する」こと，および「2つの有限多様体の強度が等しいのは，それらの要素の個数が等しいときである」と述べて，多様体の強度の概念が要素の個数の概念の拡張であることを示唆した後，無限の要素からなる「無限多様体」では，「有限の多様体」と違って，

「全体」と「部分」と強度が等しいことがありうる　　……(＊)

という重要な指摘を述べ，そのもっとも簡単な例として，Mとして正の整数νの列(Reihe)[*18]，Nとして正の偶数2νの列を取るとよい，といった基本的な説明がある．

なお，デーデキントはこの性質(＊)を無限集合の数学的な定義として採用したが，カントルは，デーデキント流の数学的還元と距離をおき，無限という概念の伝統的な用法にこだわっていた．後の論文に明確に現れるように，カントルは自分の仕事を《伝統的な無限論の新しい展開》と位置づけたいと考えていたからに違いない．

そして，「容易に分かるように」正の整数νの列は，無限多様体の中でもっとも小さなものであり，「デーデキントが有限体上の代数的整数と呼んだもの」も，自分が「ν階の点集合と呼んだもの」も，さらには一般に，「独立な正の整数$\nu_1, \nu_2, \cdots, \nu_n$に対して$a_{\nu_1, \nu_2, \cdots, \nu_n}$を一般項としてもつ$n$重数列」もこの種の無限多様体であること，今風にいえば，

任意の自然数nに対して$n \times \aleph_0 = \aleph_0$

と並んで，

任意の無限基数κに対し$\aleph_0 \leqq \kappa$

任意の自然数nに対して$\aleph_0{}^n = \aleph_0$

のように解釈できるような主張も展開している．

以上は，抽象的な集合論的な枠組みの説明であったが，4ページ半に亘る序文の最後に来て，約1ページを割いて，自分の主要な関心であるところの，$\mathbb{R}^n$について，カントルの表現では，「いわゆる連続のn重の多様体」についてその濃度を探求することにしよう，と述べ，このあたりから急に，カントルの集合論的世界像が大胆に提示され始める．カントルの文体が急に饒舌なほど雄弁になり，

＊17　ときにはシュレーダー(Friedrich Wilhelm Karl Ernst Schröder, 1841–1902)の名も一緒に冠して呼ばれることもあるが，歴史的な経緯からいえば，ここで述べるように先取権はカントルにある．

＊18　ここでは，「要素全体からなる集合」といってほしいところだが，1対1対応の関係を樹立するためには「数列」のほうが好都合である．

啓蒙的な雰囲気へと変化するのを読者に共有していただくために，再び最初の部分だけ原文で引用しよう．

Die Forschungen, welche Riemann und Helmholtz und nach ihnen andere über die Hypothesen, welche der Geometrie zugrunde liegen, angestellt haben, gehen bekanntlich von dem Begriffe einer n-fach ausgedehnten, stetigen Mannigfaltigkeit aus und setzen das wesentliche Kennzeichen derselben in den Umstand, daß ihre Elemente von n voneinander unabhängigen, reellen, stetigen Veränderlichen $x_1, x_2, \ldots x_n$ abhängen, so daß zu jedem Elemente der Mannigfaltigkeit ein zulässiges Wertsystem $x_1, x_2, \ldots x_n$, aber auch umgekehrt zu jedem zulässigen Wertsysteme $x_1, x_2, \ldots x_n$ ein gewisses Element der Mannigfaltigkeit gehört. Meist stillschweigend wird, wie aus dem Verlaufe jener Untersuchungen hervorgeht, außerdem die *Voraussetzung* gemacht, daß die zugrunde gelegte Korrespondenz der Elemente der Mannigfaltigkeit und des Wertsystemes $x_1, x_2, \ldots x_n$ eine *stetige* sei, so daß jeder unendlich kleinen Änderung des Wertsystemes $x_1, x_2, \ldots x_n$ eine unendlich kleine Änderung des entsprechenden Elementes und umgekehrt jeder unendlich kleinen Änderung des Elementes eine ebensolche Wertänderung seiner Koordinaten entspricht.

要約するならば，「リーマンやヘルムホルツ[*19]らによって『幾何学の基礎にある仮説』に関して追求されて来た研究では，$x_1, x_2, \cdots, x_n$ という値の組と多様体の要素が1対1対応かつ連続的に[*20]対応していることが重要であって，もし，このような暗黙の仮定を含め，対応に対していかなる仮定もつけないなら，n 重に拡がった連続的多様体の各要素を決定する独立で連続的な実数の個数は，任意に決めることができ，与えられた多様体の不変の指標と考えることはできない」と述べている．これはまさに本論の予告である．

「一貢献」の本文は，証明すべき主定理を簡潔に要約する第1節から始まる．その要点は今風に割り切っていえば，区間 $I = [0, 1]$ について，I^n と I との1対1対応の可能性の問題と $\mathbb{R}^n$ と $\mathbb{R}^m$ の n, m の大小によらない1対1対応の可能性の問題とは同じであるという宣言である．第2節からが技術的な本論である．詳細は省くが，そこでは実数を表現するときに有限小数と無限小数の間に厭味のある小数展開を避けて，連分数展開を使って，区間 $J = (0, 1)$ に対して J^n と J との間の1対1対応を定義している．

次節とその次の節では，区間 $I = [0, 1]$ と区間 $J = (0, 1)$ との1対1対応の可能性のような理論的な問題を論じている．

第5節では下図(次ページ)のようなグラフを用いて，区間 $(0, 1]$ と $[0, 1]$ との1対1対応の問題にも触れている．現代の大学初年級の数学教育では，このような実直な扱いはともすると無視されるだろう．このような技術的な議論の上に，十進小数を使った議論でも差し支えないことの証明で数学的な本論を終える．

＊19　Hermann Ludwig Ferdinand von Helmholtz, 1821-1894.

＊20　カントルはデーデキントの注意を重く見たのであろう．この対応の連続性をイタリック体で強調し，「座標の成分のいかなる無限小変化も対応する要素の無限小変化に，そしてその逆も，……」という具合いに解説している．

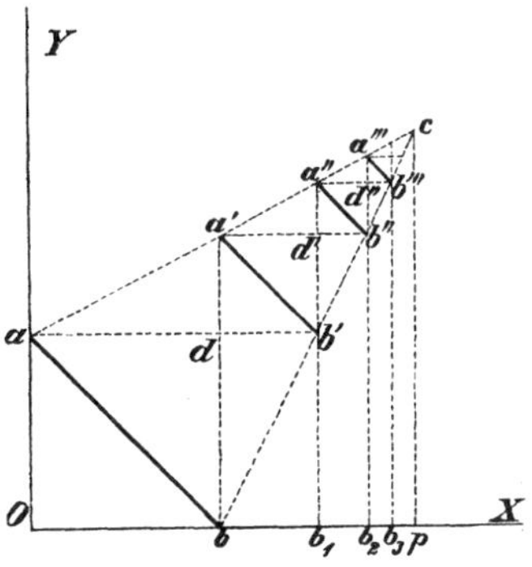

そして驚くべきことに，この論文の最後で，カントルは「ではそのような直線という連続多様体は，その強度に関して一体いくつの類 Klasse に分類できるのであろう」と問題を提起し，「詳細な説明は省くが，帰納的な方法(Induktionsverfahren)でその答えは2である」という，いわゆる連続体仮説の予告に達している．「この問題の探求は後の機会にしよう．」これが後の巨大論文「諸貢献」と違ってこの論文を「一貢献」と名付けた背景的な理由の一つであろう．

5. 小論を終えるにあたり

カントルは，決して多産な数学者ではなかった．実際，「一貢献」以後の発展の中で目覚しいのは，数年後の「超限順序数」の理論くらいなものである．しかし，無限濃度についての筆が滑ってしまったかのような自分の仮説の証明に終生こだわり，そのすさまじい思索の執念を通じて，自己の思索を深化，純化させ，本小論から明らかなように，当初自分自身が有していた，実数全体と直線連続体という位相構造との混同を克服し，「一切の属性を抽象しきった後に残る，1対1対応を通じて基数だけが区別しうる」数学的対象としての集合概念に至ったのは，後世への影響力という点で，カントルのもっとも大きな業績である．位相空間という思想の祖と評価されるハウスドルフ(Felix Hausdorff, 1868-1942)がカントルを深く尊敬していたのは，このような根源的な思想性の故であろう．カントルは，「集合論の創始者」というより，苦悩を通じてこのような根源的な思索を数学に導入した思想家として評価されるべきであり，「数学の本質はその自由性にある」という彼の言葉も，この根源性の根拠が既存の学問的価値を見出し得ないという魂の呻きとして受け止めるべきであると思う．

この意味では，いかなる前提条件も仮定しない，単なる「ものの集り」という《裸の集合》から出発して，そこにさまざまな《構造》を公理として仮定して「入れて行く」という現代数学の標準的な叙述のスタイルが確立される最初の契機を作ったのはカントルであったといえようが，この流れが明確化するのは，カントルの集合論より後の数学の展開においてである．このような数学の新しい潮流をリードした代表的な数学者の一人，ヒルベルト(David Hilbert, 1862-1943)によって語られた「何人もカントルの楽園から我々を追放することはできない」という言葉は，このコンテクストを踏まえて反芻すべきであると思う．

(ながおか・りょうすけ／プロジェクトTECUM)

●特集／カントルと集合論——没後100年を記念して

カントルの精神の継承——無限集合の数学／超数学理論としてのカントルの集合論のその後の発展と，その「数学」へのインパクト

渕野 昌

> . . . Dagegen scheint mir aber jede überflüssige Einengung des mathematischen Forschungstriebes eine viel größere Gefahr mit sich zu bringen und eine um so größere, als dafür aus dem Wesen der Wissenschaft wirklich keinerlei Rechtfertigung gezogen werden kann; *denn das Wesen der Mathematik liegt gerade in ihrer Freiheit*[*1].
>
> —— Georg Cantor ([Cantor 1883])

1. 集合論の始まりと旧来の数学からの乖離

集合論が数学理論として発足したのは，19世紀の中頃，日本で言うと明治元年前後のことだった．これに関して，[Kanamori 2009] には，

> *. . . Very much new mathematics growing out of old, the subject did not spring Athena-like from the head of Cantor but in a gradual process out of problems in mathematical analysis . . .*

と書かれている．確かに集合論の始まりは，まさにその数学的な機が熟した，カントルの数学研究の，そしてより巨視的には，数学史の，「そのとき」に生れたものであろうが，現象としては十分にカントルの頭脳から，突然のように鎧をつけて生れてきたように見えたし，カントル自身もそれに見合う生みの苦しみを味わったようにも思える[*2]．

カントルの集合論は，その発足の当初からいくつかの重い宿命を背負うことになった．その一つは，カントルのかつての指導教官だったクローネカが，集合論を数学理論として認めようとしなかったことであろう．認めようとしなかったどころか，集合論に対して，更にはカントル個人に対してさえも，熾烈な攻撃を繰り返した．クローネカの集合論に対する攻撃は執拗で，常軌を逸しているようにも見えるが，彼の主張には，個人的な嗜好の問題を越えた，数学ないし数学哲学の重要な問題も絡んでいるようにも思える．このことについて，特に，数学に対しする限定的な立場を支持する数学的／数学基礎論的な事実について，また，この事実にも拘わらず，「数学の自由性」に対する十分な数学的／数理論理学的な

---

*1 . . . これに対し，数学の研究活動に対してどんな余計な制限を果すことも，より大きな危険を孕んでいるように私には思える．危険の大きさは，この学問の本質から，それがどんな正当化もできないように思えるのであるからなおさらである；つまり，数学の本質は，まさにその自由性にあるからである．(筆者 訳)

*2 カントルは1873年の12月に，実数の全体を自然数の全体を用いて数え上げることができない，つまり実数の全体は非可算である，ということを証明している．この証明が得られた瞬間を集合論の発足の瞬間とする解釈が可能である(たとえば，この解釈は [Kanamori 2009] で述べられている)．この解釈によると，2018年は集合論発足から145年目ということになる．

論拠もありえる，ということについて，本稿の後半で議論したいと思う．

集合論にとってのもう一つの試練は，カントルが「連続体問題」を解くことができなかったことだろう．しかし，現在から振り返って見ると，カントルの時代には，連続体問題へのアプローチが可能になるための準備，特に数理論理学に関する現代的な理解が全く整っていなかったため，カントルが「連続体問題」に関して，何らかの答を得ていた，という奇蹟は，例えば，フェルマーがフェルマーの定理の証明を本当に得ていた，という奇蹟に比べても何重にも起りにくいものになっていたと言えるだろう．ちなみに，カントルが集合論研究を行なっていたのは主に 19 世紀末までで，ツェルメロが集合論の公理系を論じた最初の論文は［Zermelo 1908］だが，ここで論じられているのは，「素朴公理的集合論」であり，集合論の公理系が一階の述語論理上の理論として「正しく」定義されるのは，1920 年代以降のことだった[*3]．

連続体仮説（CH）は，「どんな実数の集合 X をとっても，それが非可算なら，X は連続体濃度を持つ」と表現することができる[*4]．後で述べるように，連続体仮説の真偽は，この一般的な形の主張としては，通常の集合論の公理系から独立である．しかし，「ある性質を持つ実数の集合 X については，それが非可算なら，X は連続体濃度を持つ」という形の主張は，この「ある性質」の設定によっては通常の集合論の公理系から証明することができることが知られている．実際，このことは，開集合から出発して，（有限的な）集合算と，可算な集合族の和や共通部分をとる演算の可算超限回の繰り返しで得られる $\mathbb{R}$ や $\mathbb{R}^n$ の部分集合（ボレル集合）やボレル集合から射影によって得られる集合（解析集合）について，（これらの集合族に属す集合という制限のもとで）上の主張が成り立つことが知られている．

開集合に対して，この性質が成り立つことは容易に理解できる：開集合

＊3　実は Hermann Weyl は，既に 1910 年の論文で，このような定式化について言及しているが，集合論研究の文脈で，述語論理を用いることで，［Zermelo 1908］の「確定的なクラス命題」（definite Klassenaussage）の厳密な定式化が得られる，という認識が広く共有されるようになったのは，1920 年代に入ってからの，スコーレムやツェルメロによる論文より後のことだったと言って間違いないだろう．現在我々が知ってる連続体問題に対する解（ないしは部分解：［渕野 2014］を参照）のためには，少なくとも集合論の厳密な公理化が必須であった．

＊4　ここでは選択公理（AC）を仮定して議論しているが，連続体仮説の特徴付けとなる様々な命題は，選択公理の仮定を落としたときには互いに同値ではなくなることがあるので，この場合には，もう少し付加的な説明が必要になる．実数の全体の集合 $\mathbb{R}$ は自然数の全体 ω の冪集合 $\mathcal{P}(\omega)$ と 1-1 onto に対応づけすることができるので[*5]，ここで述べた連続体仮説は，$\mathcal{P}(\omega)$ の任意の非可算部分集合は $\mathcal{P}(\omega)$ と同じ濃度を持つ（つまり $\mathcal{P}(\omega)$ との間に 1-1 onto 写像を持つ），と言い換えることができる．これを一般化した，すべての無限集合 X について，$\mathcal{P}(X)$ の任意の部分集合は，X より濃度が等しいか小さいか，あるいは，$\mathcal{P}(X)$ と等濃度になる，という主張は，一般連続体仮説（GCH）と呼ばれている．

＊5　集合論では，ω で（集合論の内部の）自然数の全体を表わし，“$\cdot \in \mathbb{N}$” で「超数学[*6]での自然数である」という述語を表わして区別することが多い．ここでも集合の意味の自然数の全体を ω で表わしている．

＊6　数学を形式的証明系での演繹（の集まり）として外から眺めて，これについて数学的に研究する研究領域を，超数学（meta-mathematics）とよぶ．超数学では，集合論以前の立場で議論をしなければならないため，たとえば，「自然数の全体の集合」という無限的なオブジェクトは存在せず，我々がそこで議論できるのは，個々の具体的な数（の数表記）についてと，それらに関する一般論のみである．

$X \subseteq \mathbb{R}$が空集合でないなら，Xはある開区間(a, b)を含むが，(a, b)と$\mathbb{R}$の間には(連続で順序さえ保存する)全単射が存在するからである．開集合の補集合として得られる閉集合は，ボレル集合のうち，開集合の次に簡単なものであるが，閉集合Xについて，「Xが非可算なら，Xは連続体濃度を持つ」ことは既にそんなに簡単には示せない．

カントルは，1884年の論文で，任意の$\mathbb{R}$の閉部分集合Xに関して，Xが非可算なら，Xは連続体濃度を持つことを示している(これはカントル＝ベンディクソンの定理の系として得られる――以下の脚注＊8を参照されたい)．上で，『カントルが「連続体問題」に関して，何らかの答を得ていた，という奇蹟は，例えば，フェルマーがフェルマーの定理の証明を本当に得ていた，という奇蹟に比べても何重にも起りにくいものになっていたと言うことができるだろう』と書いたが，カントルが，同様の命題をボレル階層の下の方に属す集合に対しては証明していた，という可能性ならゼロではなかったかもしれないという気もする．

ちなみに，ハウスドルフはすべての非可算なΣ^0_4集合が連続体濃度を持つことを，1914年の論文で示しており[*7]，1916年の論文ではこの結果をすべてのボレル集合に対して示している．ボレル集合がすべて完全集合の性質を持つこと[*8]が証明されたのはアレクサンドロフによる1916年の論文においてである(子細は，[Kanamori 2009]のSection 12を参照)．この完全集合の性質を含む，連続体仮説の“構成的な”近似に関する優れた解説が[Koellner 2016]にある．

集合論が背負わされることになった三番目の宿命は，――これは20世紀に入ってからのことになるのだが――集合論のパラドックス(antinomies)の発見とツェルメロらによる集合論の公理化による，パラドックスの回避，という19世紀から20世紀初等にかけての数学の展開から，「素朴集合論は間違っていた」という間違った風評が広まってしまったことであろう．実際には，カントルが集合論で得た結果には，このパラドックスと抵触するものは含まれておらず，カントル自身，ほとんど[Zermelo 1908]と同じとも言える精度での，パラドックスの回避についての理解を得ていたことが，デデキントやヒルベルトにあてた彼の書簡から見てとれる．

20世紀に入ってからの“旧来の数学”は，カントルの集合論の大きな柱の一つである超限帰納法を(否定はしないが)回避する，という方向で発展した．選択公理と超限帰納法の組合せで自然に証明できる命題のいくつかが，ツォルンの補題を(ある場合にはかなりアクロバット的に)用いることで，明示的に超限帰納法に言及することなく証明できる，という状況がこの方向性を更に後押ししたと思われる．この結果，旧来の数学では超限帰納法に対してほとんどタブーと言ってよい扱いがされるようになり，このことと，「素朴集合論は間違っていた」という間違った風評から，超限帰納法が(少なくともフォン・ノイマンによる1920年

＊7　Σ^0_α，$\alpha < \omega_1$でボレル集合の標準的な階層(ボレル階層)を表わす．$\langle \Sigma^0_\alpha : \alpha < \omega_1 \rangle$は連続に上昇的で，$\bigcup_{\alpha<\omega_1} \Sigma^0_\alpha =$ ボレル集合の全体である．

＊8　つまり，ボレル集合が非可算なら完全集合を部分集合として持つこと．完全集合は連続体濃度を持つので，このことから，非可算なボレル集合がすべて連続体濃度を持つことがわかる．ちなみに，カントル＝ベンディクソンの定理は，この言い回しを用いると「すべての実数の閉集合は完全集合の性質を持つ」ことを主張する定理である．

代の研究以降)きちんと基礎付けのされた論法であることを知らない(更に，そのようなものでない疑わしい論法だとうすうす勘違いしている)数学者すら少なくないのではないかと思う．実際，数理論理学や集合論を専門としない「プロ」の数学者が「超限帰納法」,「選択公理」などを含む「集合論」について言及したときに驚くべき議論が展開されるこがある，ということを，我々は身近な例として一つならず知っている(例えば，そのような例の一つについては，[渕野 2018]を参照されたい)．

20 世紀の中盤くらいから，集合論は旧来の数学の研究者からほとんど完全に見えないものになってしまったように思える．このことの大きな理由の一つは，集合論が数理論理学を融合する学問として発展することになったことであろう．

数理論理学は 19 世紀の末から，形式論(syntactics)と意味論(semantics)の明確な分離のないまま，徐々に発展してゆき，スコーレムのパラドックスやゲーデルの完全性定理などを経由して，(弱い)集合論の中に論理を再導入して，そこで意味論を考える，という現代の論理学の明快な理解に至っているわけだが，この過程で，集合論は，数学と超数学の間での視点の移動を繰り返しながら議論を進める，という旧来の数学ではほとんど例のない思考の様式を修得してゆくことになり，その研究の対象も，相対的独立性，無矛盾性の強さ(consistency strength)など，理解する上で超数学の視点が不可欠な概念に関連するものに，焦点が向けられるようになってくる．

現代では [Kunen 1980] や，[Jech 2001/2006] をはじめとしてスタンダードな集合論の教科書が整備されているので，数学者にとって，必要なら現代的な集合論は独習が容易であろう，と思われがちであるが，数理論理学と数学の融合という旧来の数学では見られない集合論の立ち位置のため，実際には，これはきわめて難しいことのようである．

筆者は 2017 年の秋にポーランドのカトヴィッツェのシレジア大学で，一般位相空間論の研究者のグループのために，現代集合論の中心的な手法の一つである強制法に関する講義をした．この講義を行なってみて，集合論の学習が，一般の数学者にとって一筋縄ではゆかないものであることを，改めて痛感した．講義を聴講してくれた人たちは，一般の感覚からすれば，十分に「集合論的」なテーマの研究を行なっていると言えるであろう人たちだったのにもかかわらず，である．強制法以前の，論理学と関連する様々な基本的事項に関する質問に答えなくてはならなくなってしまい，これに思いのほか時間をとられたため，結局最初に予定していた話題のほんの一部しか講義することができなかった．一方，そのような細部の懇切丁寧な説明を通じて，強制法を含む現代集合論を私の講義で本当に学ぶことができる，という感触をこの講義をアレンジして頂いた方たちに持ってもらえたようで，その結果，彼等の要請で，2018 年にも，この講義の続きを行うことになった．

数学者向けに集合論の講義を行なうとき，多くの場合，数理論理学に関する子細は避けて(つまり，かなりの誤魔化しをして)説明してしまうことが多いのではないかと思うが，私のこの講義では，むしろ，数理論理学に関連するデリケートな部分の説明もあえて十分に行なった．そこで，数理論理学の素養をほとんど持たない数学者に現代的な集合論の基礎を(本当に)理解してもらう，ということが，どれほど困難な課題であるかを，切実に実感させられることになったわけだが，反面，それは，十分に可能でもある，ということの確認にもなったように思う．

2. カントル以降の集合論の形成

ここで一旦1910年代まで戻って，カントル以降の集合論の発展についてもう少し詳しく見てみることにしたい．

ツェルメロが集合論の公理系の祖形となるものを発表したのは1908年の論文[Zermelo 1908]においてであった．前節で述べたように，この公理系は，まだ不完全なもので，その定式化についても大きな問題を残していた．原子元を許す定式化になっていたし，置換公理と基礎の公理がまだ含まれていなかった．また，関数の概念の扱いも問題のあるものになっていた．超限帰納法を公理的な枠組みでどう扱うかについても，この論文では全く触れられていない．

これらの問題に厳密な解決が得られて，現代で知られているような集合論の基礎づけが，少なくとも集合論の専門家の間では広く共有されるようになるのは，1930年代の後半以降のことなのではないかと思う．ちなみに，現在通常採用されているような関数の扱いが導入されたのは[Kuratowski 1921]においてであり，超限帰納法の十分な基礎付けが与えられたのは，[von Neumann 1923]においてだった．

集合論の厳密な基礎付けが確立される以前にも，カントル自身の仕事や，前節で触れたハウスドルフやアレクサンドロフの仕事を含め，既に多くの成果が得られているわけだが，これは，ε-δ論法による厳密な基礎付けが確立するよりも前の解析学で多くの成果が得られている，という近代数学での展開との類似性を想起させる．

集合論の公理系の最終形としては，ツェルメロ＝フレンケル集合論(ZF)(またはこれに選択公理を加えたZFC)と，ゲーデルが[Gödel 1940]で採用したノイマン＝ベルナイス＝ゲーデルの体系(NBG)(あるいはこの体系に選択公理の強いヴァージョンを付加したNBGC)が案出されている．ZFCではクラスを超数学での論理式のこととして扱わなくてはならないが，NBGCでは，クラスは理論のオブジェクトとして扱うことができるようになっている．しかしそのことを除くと，2つの理論は集合に関しては，それらから証明できる事実は一致することが示せるので，実質的には同じ理論と考えてよい[*9]．現在では，集合論の公理系としてZFまたはZFCが採用されることが圧倒的に多いのだが，それは，ZFまたはZFCが有限個の公理で公理化できず(モンダギューの定理[Montague 1955])，ZFCで，任意の具体的に与えられたZFCの有限な部分公理系のモデルの存在が証明できる(レヴィ＝モンタギューの反映定理の帰結の一つ)，という事実による[*10]．この事実は，後で触れる強制法の理論を用いて相対的無矛盾性の議論をする際に不可欠となるが，NBGは有限の公理系なので，こ

*9　このような状況を，NBGCはZFCの保守拡大になっている，と表現する．

*10　更に，証明を見ると明らかなのだが，このモデルは，その要素関係が本物の要素関係と一致するようなもの(このようなモデルは$\in$-モデルとよばれる)としてとれる．

こでは，同様の有限近似を行なうことができないのである．

歴史的な発展を経て最終的な公理系として定式化された集合論の公理系を論じるとき，公理をどの体系でどう書き下すか(といってもたとえばZFやZFCは無限個の公理を持つので，実際に全部を書き下すことはできないわけなのだが[*11])という問題のみに着目されることが多いように思える．しかし，ここで，より重要なのは，この集合論の公理化によって，公理系(ZFCにしろ，NBGCにしろ)が，“完全な”推論の体系を持つ形式論理(一階の述語論理)の上に構築されたことであろう．したがって，この定式化とともに，集合論(あるいは言葉を変えれば，全数学)で証明できる定理とは何なのかが，はじめて厳密に規定されたことになる．

3. ゲーデルの不完全性定理

ツェルメロは既に［Zermelo 1908］で，

> 「非常に本質的であるはずの私の公理系の「無矛盾性」についてさえ，まだ厳密には証明できておらず，ここに提案された原理に基いて議論するかぎり，今までに知られている「逆理」はすべて解消する，ということを所々で注意するにとどめる」

と書いている．しかし，前節の最後でも触れたように，公理系の「無矛盾性」は，ZFC(あるいはNBGC)の最終的な定式化がなされた後で，はじめて具体的な問題となったわけである．一階の述語論理の演繹系は，有限な記号列の具体的なルールによる変形の体系なので，ここで矛盾(たとえば“$\emptyset \neq \emptyset$”を意味する体系の言語での文)の証明があるかどうかは，有限組合せの議論で簡単に結着がつくにちがいない．少なくとも，ツェルメロやフォン・ノイマンをはじめ，当時の集合論の研究者の多くはそのように考えていたはずだし，上に引用したツェルメロの表明もそれを裏付けるものとも言えるだろう．

ところが，実際の状況は全くこの期待とは全く異なることが，1930年代初めになって判明する：ゲーデルは，［Gödel 1931］で以下の定理を証明している[*12]．

> 初等数論の十分に展開できるような，どのような具体的に与えられた公理系Tも完全ではない——つまり，Tの言語で具体的に与えることのできるある特定の命題φ^*に対して，もし，φ^*かその否定$\neg\varphi^*$の少なくとも1つがこの公理系から証明できたとすると，その証明から出発してこの公理系からの矛盾の証明が作れてしまうことが示せる[*13]．　——(第1不完全性定理)

＊11　もちろん，無限個と言っても，どの文が公理でどの文が公理でないかを判定するアルゴリズムは存在する．

＊12　第1不完全性定理については，ここで述べたのはロッサーによる改良［Rosser 1936］を加えたものである．

＊13　これは言葉をかえると，Tが無矛盾とすると，φ^*も$\neg\varphi^*$もTから証明できない，ということである．このようなφ^*はTから独立であるという．Tから独立な命題があるとき，Tは完全でない，あるいは不完全であるという．

> 同様の公理系 T の無矛盾性は，この公理系自身から証明できない——つまり，T からの演繹としてコードできるようなメタな立場での無矛盾性証明があったとすれば，それを用いてこの公理系からの矛盾の証明が作れてしまう．
> ——(第 2 不完全性定理)

ZFC や NBGC は上の T に対する条件を満たすものとなっている．このことと，ZFC や NBGC が我々の知るかぎりすべての数学を内包することから，ZFC (または NBGC)は完全でなく，その無矛盾性を証明することもできないことがわかる．

ここで注意しておかなくてはいけないのは，第 2 不完全性定理は ZFC や NBGC などの無矛盾性を証明する手立てがないことを主張してはいるが，これらの理論が矛盾することを主張しているわけではないことである．むしろ ZFC や NBGC で展開される数学自身が，これらの公理系が無矛盾であることの強い状況証拠になっている，と言うことができるだろうし，このことから，集合論を専門に研究している数学者で，ZFC や，ZFC によく研究された巨大基数の公理のどれかを付加した体系の無矛盾性を疑っている人は，殆ど誰もいないと言ってよいだろう．

しかし，不完全性定理は多くの数学者を不安にしたようである．たとえば，ヘルマン・ヴァイルは，［Weyl 1946］で，

> Like everybody and everything in the world today, we have our “crisis.” We have had it for nearly fifty years. Outwardly it does not seem to hamper our daily work, and yet I for one confess that it has had a considerable practical influence on my mathematical life: it directed my interests to fields I considered relatively “safe,” . . .

と述べている．ヴァイルの上でのような言明を含め，このような不安から，数学の研究を，(後で述べるような意味で，その無矛盾性の保証のあるような)弱い体系での数学に限定して行なうべきだ，と考える数学者(や数理論理学者)が少なからずいるようである．第 1 節でも述べた，クローネカの，カントルの集合論の頑なな拒否は，このような姿勢の先駆として理解できそうである．

不完全性定理以降の数学では，この不完全性定理現象のぎりぎりの境界上での綱渡りをすることが多いので，不完全性定理をきちんと理解していないと，数学の研究は目隠しをして綱渡りをするような状況になってしまうことが多いし，綱から落ちて奈落の底に転落してしまう危険性も大である．

たとえば，前節で，「レヴィ＝モンタギューの反映定理の帰結の一つ」として，

> (*) ZFC で，任意の具体的に与えられた ZFC の有限な部分公理系のモデルで，その要素関係が本物の要素関係と一致するようなものの存在が証明できる

という結果を紹介したが，ここでの「任意の具体的に与えられた ZFC の有限な部分公理系」という回りくどい言い方は必須であることが，以下のような考察を経て初めて理解できる：仮にこれを「すべての ZFC の有限な部分公理系」と言

い換えたときの定理が成り立っているとすると[*14]，コンパクト性定理から，ZFCのモデルが存在することが言えてしまい，そのことから，ZFCの無矛盾性が帰結できるので，第2不完全性定理により，ZFCから矛盾が導き出せてしまう．もちろん，第2不完全性定理により，このことが，まさにZFCが矛盾することの証明になっている可能性がないとは言いきれないわけだが，(*)の証明を，「すべてのZFCの有限な部分公理系」に置き換えて得られる主張の証明に一般化できるかどうかをチェックしてみると，この拡張形を証明するには，証明の途中でset-likeでない整順的半順序クラス上の再帰的定義を行なわなくてはならなくなることが分かり[*15]，そのような再帰法は一般には成り立たないので，この拡張された主張の“証明”が，ここで破綻してしまっていることを，確かめられる．

第1節で，集合論が数理論理学を数学に融合する学問として発展することになったことが，一般の数学者が集合論を理解することの妨げの一つになっている，と述べたが，上でのような種類の議論が定理の理解のために必要になることは，まさにそのような状況の例の一つである．

4. コーエンの強制法と強制法以降の集合論

ゲーデルの不完全性定理は，多くの数学者に，集合論のような強い理論の枠組で数学をすることに対する不安を与えたようである．ヴァイルの発言については既に前節で引用したが，フォン・ノイマンも，不完全性定理以降，集合論での研究を実質的にやめてしまった(これに関する議論は［渕野 2013a］も参照されたい)．

それとは逆に，ゲーデル自身は不完全性定理の確立の後，集合論，特に，連続体問題の研究を開始している．この研究でゲーデルの得た研究結果は，［Gödel 1940］に細説されているが，そのうちの主要な結果は：

(**)　ZFが無矛盾なら，ZFCも無矛盾である．更に，ZFが無矛盾ならZFCに一般連続体仮説(GCH)を公理として付け加えた体系も無矛盾である

というものである．上で，「更に」と書いたのは，シェルピンスキーによって，ZFと一般連続体仮説から，ACが導き出せることが，ゲーデルの上の結果の少し後に証明されているからである．

上の結果は，ZFからACやGCHが証明できる，と言っているわけではない．ZFの中で，構成的集合のクラスと呼ばれる，順序数をすべて含む推移的な

*14　この2つの表現の違いは微妙だが，前者は，ZFCの有限な部分公理を超数学で「具体的」に1つとったときに，それに対する議論を指しているのに対し，後者は，ZFCの内部でのオブジェクトに対する(集合論を記述している形式的体系の)量化子の意味での「すべての」(たとえば自然数全体の集合 ω の要素にコードされている論理式の)有限集合の全体を指している．

*15　半順序クラス $\mathcal{X}$($\mathcal{X}$ 上の半順序クラス関係 $\mathcal{R}$ を持つクラス $\mathcal{X}$)が set-like であるとは，すべての半順序クラス $\mathcal{X}$ の要素 x に対し，x より($\mathcal{R}$ に関して)前にある $\mathcal{X}$ の要素の全体 $\{y \in \mathcal{X}: y\mathcal{R}x\}$ が常に集合になることである．

クラス L で，ZFC の公理のすべてを満たすようなもののうち最小のものが構成でき，そこで GCH も成り立つ[*16]，ということから，上の主張(**)が導かれている．

第 1 不完全性定理により，ZF や ZFC は(それらが無矛盾だとすると)完全ではないので，AC や CH が ZF や ZFC から独立である，ということはあり得る．[Gödel 1947][*17] を見ると，ゲーデルはこれらの“公理”の独立性を確信していたことがわかる．また，ゲーデルは，発表こそしなかったが，AC の ZF からの独立性の証明を得ていたらしい(たとえば，[Moore 2011] を参照)．

AC や CH の ZFC からの独立性，また GCH の ZFC＋CH からの独立性は，コーエンによって 1960 年代の前半に確立されることになるのだが，ゲーデルの結果(**)が，集合の全体のクラス[*18] を制限することで得られたのに対し，独立性証明では，集合論の宇宙を何等かの方法で外側に拡張しなくてはいけないことになる(たとえば $V=L$ が成り立っているとすると，L の絶対性と，L の最小性から，V の自明でない内部モデルは存在しない)．ところが，V は既にすべての集合からなるので，これを拡張する，というのは一見不可能に見える．この見かけの不可能性にもかかわらず，コーエンは，集合論の宇宙を拡張して連続体仮説の成り立たない(したがって一般連続体仮説も成り立たない)集合論の宇宙を構成する方法，とみなせる，強制法(forcing)と呼ばれる構成法を確立して，この手法を用いて，ZFC の $\in$-モデルのジェネリック拡大あるいは，強制拡大とよばれる拡大モデルで CH を満たさないものを作り，これを用いて，(ZF が矛盾しないなら)，連続体仮説の否定が ZFC と矛盾しないことを証明している．またこのようにして構成した集合論の宇宙の内部モデルを考えることで，AC が ZF と矛盾しないことも[*19] 証明している．

ゲーデルの結果も，コーエンの結果も，ヒルベルトの意味の厳格な有限の立場からの相対的無矛盾性[*20] の証明として書き下すことができるが，特にコーエンの結果の場合には，ここで多少の予備知識が必要となる：まず，ZFC のモデルの存在は ZFC から証明できないので，そのようなものを考える代わりに，ZFC の十分に大きな有限部分 F のモデルを考えることにする．実際，レヴィ＝モンタギューの定理の系である(*)を用いて，F の $\in$-モデル M_1 がとれる．この M_1 の可算な初等的部分構造 M_0 を，レーベンハイム＝スコーレムの定理を用い

＊16　順序数をすべて含む推移的なクラスで，ZFC の公理のすべてを満たすものは，内部モデルと呼ばれる．したがって，L は最小の内部モデルである．ただし，ここでも，(*)でと同様に，「ZFC の公理のすべてを満たす」は，メタ定理としての主張で，ZFC＋GCH の公理を，1 つ(あるいは有限個)を具体的にとったとき，それが L で成り立つことが(一様なやり方で)示せる，ということを主張しているにすぎないし，この主張が，それ以外の意味では定式化しようがないこともよく考えてみるとわかる．

＊17　これは以下に述べるコーエンの結果より前に書かれている．この論文は，コーエンの結果が得られた直後に改訂版が出ているのであるが，この改訂版では，コーエンの結果から必要となる多少の補足を補注として補う形で出版されている．

＊18　このクラスは，集合論の宇宙(universe)と呼ばれて，記号 V であらわされることが多い．

＊19　この場合ももちろん ZF が矛盾しない，という仮定の下での議論である．

＊20　相対的無矛盾性とは，理論 T が無矛盾だとすると T を拡張する T' も無矛盾である，というタイプの主張のことである．

てとり，M_0のモストフスキー崩壊をMとして，このMに関して上で言ったような強制拡大がとれることを示し，このことと，Fが十分に大きいことを除いて任意であることから，もしZFCからのCHの証明Pがあったとすると[*21]，Pを変形してZFCからの矛盾の証明が作れてしまうことが示せるのである．

第1節で，『カントルが「連続体問題」に関して，何らかの答を得ていた，という奇蹟は，例えば，フェルマーがフェルマーの定理の証明を本当に得ていた，という奇蹟に比べても何重にも起りにくいものになっていたと言うことができるだろう』と書いたのは，上で述べたような20世紀中盤に証明された，幾つもの数理論理学の定理が証明の枠組として用いられていて，独立性証明はそれらなしでは行えそうには思えない，ということも背景として言っていたのである．

コーエン自身の仕事は，［Cohen 1966］で解説されている[*22]．この独立性証明で1966年にフィールズ賞を受賞しているが，受賞理由は連続体仮説の独立性の証明で，強制法の導入ではなかった．実際には，コーエンによって導入された強制法は，1960年代から1970年代にかけてソロベイをはじめ，コーエンの仕事に触発されて研究に参加した若い数学者や，この新しい手法を消化するだけの知力を保っていた，当時，まだ年をとっていなかった数学者らによって，急速に整備拡張されて，様々な問題に応用されていった[*23]．

しかし，メインストリームの数学は，連続体仮説の独立性の証明が確立されたことで，集合論の研究は終ってしまった，というような誤解をしてしまったのではないかと思う．何かの賞を受賞すること自身がそれほど重要とも思われないが，コーエンに続く集合論の研究者が誰もフィールズ賞を受賞することなく，今日にいたっている，という状況は，他には説明がつかないだろう(これに関する議論は［渕野 2014］も参照されたい)．

コーエンの強制法の修正／一般化である現代の意味での強制法の応用例のうち，結果の意義や重要性の説明が比較的簡単にできそうな，強制法以降の早い時期での研究成果を3つほど紹介しておきたい．この3つの例は，第1節でも触れた，2018年の秋に予定しているKatowiceでの講義では，技術的な細部も含めて取り上げる予定のものである．

紙数の関係で内容に踏み込んだ解説はできないので，子細については，付記した参考文献(または，執筆中の［Fuchino 2017-］(の2018年後半でのversion))を参照されたい．以下の(A)，(B)，(C)の主張はどれもZFCから独立である：

(A)(スースリン仮説)　順序構造としての実数体$\langle\mathbb{R},<\rangle$の順序型は，(1)最小元，最大元は存在しない；(2)稠密；(3)完備；(4)可分であること，として特徴付けできるが，(4)を(4)′すべての互いに素な区間の族は可算である，で置き換えたものも，この順序型の特徴付けになっている([Wikipedia : Sus-

＊21　Pは有限なので，そこではZFCの公理のうち有限個しか使われていないから，それらの公理の集まりに対する考察を，上での“ZFCの十分に大きな有限部分”に対する議論につなげることができる．

＊22　現在では，［Cohen 1966］は，歴史的な文献ととるべきで，現在強制法の勉強には，教科書としては，たとえば，［Kunen 1980］を読むのがよいだろう．

＊23　強制法の応用の多くは，(数学的な)命題の集合論の体系(ZFCやZFCに何らかの公理を付け加えて得られる体系など)からの独立性の証明であるが，独立性がかかわっていない数学の定理の証明でも威力を発揮することがある．

lin's Problem], [Kanamori 2011]).

この命題の独立性は，[Tennenbaum 1968]，[Solovay-Tennenbaum 1971] で確立されているが，特に後者では，強制拡大の超限回の反復という手法が導入され，この手法で強制拡大で反例となりうる状況を逐次つぶしてゆくというアイデアにより，スースリンの仮説がZFC＋¬CHと矛盾しないことが示されている．その後Jensenによって，この命題は，ZFC＋CHとも独立になることが示されている．特に，CHとスースリンの仮説は，ZFC上で互いに独立である．また，シェラハによるこれらの結果を更に拡張する，いくつかの比較的最近の結果が知られている．

（B）（ボレル仮説）*24　強測度ゼロの実数の集合は可算集合に限る

（[Wikipedia : Strong measure zero set]）．

ここで，実数の集合 X が，強測度ゼロであるとは，任意の正の実数の列 δ_n, $n < \omega$ に対し，幅がそれぞれ δ_n 以下の区間 $I_n \in \omega$ の和集合で X が被覆できることである．

CHを仮定すると，ボレル仮説の反例が作れる（[Sierpiński 1928]）．これに対し，レイバーは，countable support iterationと呼ばれる新しい種類の強制拡大の超限回反復の手法を用いて，ボレル仮説がZFC上で無矛盾であることを示している．

（C）区間 [0, 1] 上のルベーグ確率測度を拡張する確率測度で，[0, 1] のすべての部分集合に対して定義されたものが存在する

（[Wikipedia : Real-valued measurable cardinal]，[Kanamori 2009]，§ 16）．

CHから上の主張の否定が証明できる（[Banach-Kuratowski 1929]）．更にウラムは，連続体の濃度が，最初の弱到達不可能基数より小さいときには，上の主張の否定が導かれることを証明している（[Ulam 1930]）．ソロベイは，ランダム強制（random forcing）とよばれる強制拡大の方法の超限回の反復を用いて，この命題がZFC上無矛盾であることを証明している（[Solovay 1971]）．ここでは，ZFC上無矛盾というのは厳密に言うと正しくなく，この証明では，可測基数と呼ばれる巨大基数の存在の仮定から出発して議論している．つまり，得られた結果は，ZFC＋"可測基数が（少なくとも一つ）存在する"が無矛盾なら，ZFC＋（C）も無矛盾である，というのが得られている結果である．この可測基数の存在の仮定がちょうど必要な条件となっていること（つまり，上の主張（C）と，可測基数の存在がZFC上で無矛盾等価となること）も示せる．

5.　ゲーデルの加速定理と数学の自由性 ―― 22世紀の数学としての集合論

前節の最後に述べたような結果を含む強制法以降の集合論の華々しい成果にもかかわらず，集合論は数学を研究する枠組として強すぎる，という感覚を持つ数学者や数理論理学者も少なくない．集合論は認めるが，巨大基数の公理は矛盾す

＊24　数学には，Armand Borelの関与しているボレル仮説もあるが，ここで述べているのは，ボレル測度のÉmile Borelによる仮説である．

るかもしれないので研究をしてもしょうがない，と考える人も(現在でも)いる．

第3節でも述べたように，第2不完全性定理によってZFCの無矛盾性が証明できないことは，ZFCが矛盾していることを意味するわけでは全くないのだが，一方，同様に第2不完全性定理の適用対象である初等数論(ペアノの公理系(PA)で展開できる数論)には，拡張された有限の立場と言えるような立場からの無矛盾証明(ゲンツェンの定理)が存在する．逆数学(Reverse Mathematics)と呼ばれる研究分野での研究の進歩により，古典的な数学(20世紀になって得られた数学的結果の多くも含む)は既に，その無矛盾性がPAの無矛盾性から帰結できるような，したがって，ゲンツェンの無矛盾証明がその無矛盾性の保証になっているような，弱い集合論の中で展開できる(つまり，定理の命題を書き下せ，その証明もこの体系の中で行える)ことが分ってきている．

もし，現代のクローネカが，このことを論拠として「数学とはこの無矛盾性の保証のある弱い集合論での研究でなくてはならない」と言って，集合論の研究を迫害しようとしたときには[*25]，現代の集合論の研究者には反論の余地があるのだろうか？

そもそも，この上で述べたような，集合論の研究者にとって分が悪くなるような状況はゲーデルの不完全性定理で明らかになったわけだが，一方，不完全性定理のバリエーションの一つであるゲーデルの加速定理と呼ばれる定理は，集合論研究を含めた，無矛盾性の強さのより大きい体系で数学研究を行なうことが，無矛盾性証明の可能な弱い体系での議論のみを数学とする，という狭義の限定的立場から見ても，大きな意味を持つだけでなく，不可欠でもある，ということを示唆している，と解釈することができる．

ゲーデルの加速定理の一つのヴァリアントは，以下のように記述することができる([渕野 2016]，[渕野 201？]にはここでとは若干異なる記述がある)．まず，考察する体系でのすべての証明を P_n，$n \in \mathbb{N}$ となんらかの具体的な方法で枚挙しておく[*26]．

定理(ゲーデルの加速定理 [Cödel 1937])　T を，少なくともその中で初等算術の展開できるほどの強さの集合論を含むような具体的に与えられた理論として，

(***)　$\tilde{T}$ を T の拡張で，$\tilde{T}$ は T の無矛盾性(の主張に対応する T の言語での命題)を証明するものとする．

このとき，任意の具体的に与えられた関数 $f:\mathbb{N} \to \mathbb{N}$ に対し，

T の言語での論理式 $\varphi(x)$ で，すべての $n \in \mathbb{N}$ に対し，$T \vdash \varphi(\underline{n})$ だが，T からの証明は，$P_0, P_1, \cdots, P_{f(n)-1}$ の中には存在しない，しかし，$\tilde{T} \vdash (\forall x \in \omega)\,\varphi$ が成り立つ，

という性質を持つものが存在する．

＊25　これは既に用いていた表現だが，以下では，この「現代のクローネカ」の立場を，「限定的」と形容することにする．

＊26　ω と $\mathbb{N}$ の区別については，脚注＊5を参照．例えば，証明を文字列と見て記号列の長さを加味した辞書式順序で並べることは，このような枚挙の一つである．

ここで，$\underline{n}$ は数 n の数表記(numeral)を表わす．“$T \vdash \varphi(\underline{n})$” は「$T$ から $\varphi(\underline{n})$ が証明できる」という超数学での主張の略記である．$\varphi(\underline{n})$ の証明があれば，その証明に数表記 $\underline{n}$ の複雑さに関する一次式の値くらいで抑えられる複雑さの証明を付け足すことで，$\varphi(\underline{n})$ の証明が得られることに注意しておく．このことと，上の f を任意に強く増加する関数として選べることから，この定理の(T から $\tilde{T}$ に移行したときの証明の)「加速」という名称が由来しているのである．

この定理の対象としている T と $\tilde{T}$ の組に対する条件は，一見，人工的に思えるかもしれないが，この条件を満たす状況は集合論の部分理論や，集合論を拡張する多くの理論の間で自然に成立する．たとえば，ZC から*27，上で述べたようなペアノの公理系(に対応する体系)を含む弱い集合論の体系のモデルの存在が言えるので，そのような体系の無矛盾性が ZC から証明できることがわかる．ZFC では，$V_{\omega+\omega}$ が ZC のモデルになることが証明でき，そのことから，ZFC で ZC の無矛盾性の証明ができる．κ を巨大基数のうち一番小さい種類である到達不能基数とすると，V_κ が ZFC のモデルとなることがわかり，そのことから，ZFC に到達不能基数の存在の主張を加えて得られる体系で，ZFC の無矛盾性が証明できることがわかる etc., etc. また，(***)での T と $\utilde{T}$ の間の関係は推移的なので，たとえば，上の例から，ペアノの公理系(に対応する体系)を含む弱い集合論の体系と ZFC の間にも，上の T と $\utilde{T}$ の間の関係が成立する．更に，T と $\utilde{T}$ の間に互いに(***)の関係にある理論の長い列を挿入できる場合(ペアノの公理系(に対応する体系)を含む弱い集合論の体系と ZFC はこの関係にある)には，ゲーデルの加速定理で述べられているような証明の加速の可能性が，その列の長さ分だけ強化されている，と解釈することができるだろう．

このような T と $\tilde{T}$ の組では，第 2 不完全性定理が示すように，T では証明できない命題で $\tilde{T}$ で証明できるものが存在するし，そのことは，言葉を変えれば，$\tilde{T}$ が実は矛盾した理論になっている，ということの可能性は，T がそうであることの可能性より高い，ということでもある．しかし，そのリスクがあるとしても $\tilde{T}$ では，この理論が強い分だけ，T で証明できるが，証明を書き下したり，それを見つけ出したりすることが，困難だったり，物理的に不可能であるような命題 φ について，$\tilde{T}$ では簡単な証明が存在する可能性がある．この可能性は可能性でしかないが，その反面，実際にそのような場合がありうる，ということを，ゲーデルの加速定理は示しているわけである*28．

特に，(***)での T と $\tilde{T}$ として，それぞれペアノの公理系(に対応する体系)を含む弱い集合論の体系と ZFC(やその更なる拡張)を考えると，ゲーデルの加速定理から，もし，現代のクローネカが，限定的な数学のみが意味のある数学である，と主張したとしても，限定的な数学が何であるかを見極めるためには，

＊27　ZC は ZFC の公理系から，フレンケルの導入した，置換公理と呼ばれる公理群を除いて得られる体系で，[Zermelo 1908] で導入された体系(の現代化)に対応すると考えられる体系である．

＊28　ここで述べたような，極端な加速ではなくても，T でアドホックな証明しか与えられなかった定理に T を拡張する $\tilde{T}$ で見通しのよい証明が与えられる，あるいは，最初に $\tilde{T}$ で見通しの良い証明が得られていて，それを足掛りにして T での証明が得られる，といった展開の例は数学史の中に多数見出すことができる．

ZFC(やその更なる拡張)での数学の知見や，それらの理論を含む数学理論たちについての超数学での考察が不可欠である，と結論づけざるを得ないだろう．

本稿の最初に引用した，[Cantor 1883] でのカントルの「数学の自由性」に関する言及は，広義の数学という意味で「科学の自由性」と読み替えたときにも，十分に意義を持つものと思うが，狭義の「数学」に対しては，この自由性が，この学問の発展にとって必須ですらあることが，上のような議論で「数学的に」結論できるのである．

ゲーデルの第1不完全性定理は，数学の無尽蔵性と解釈することもできる(この解釈に関しては，[渕野 2013]，[渕野 2016] 等も参照されたい)．しかし，数学の進歩の速度の加速が，数学の難しさの増加の加速につながり，科学が人間の知性の限界につきあたってしまう，という状況が起りつつある，あるいは近々起ってしまいそうにも思える．もちろん，コンピュータの証明支援装置，思考支援装置としての採用は，この閉鎖的な状況の部分的な打破にはなるのであろうが，(人類にとっての)数学が，人間が理解し appreciate するための証明を発見する，ということである限り，コンピュータにすべてをまかしてしまう，という形の解決はありえないだろう．この意味で，集合論や更にその拡張を含む，無矛盾性の強さのより高い理論での考察と，この考察を超数学で考察することで高次の証明を得るという，(旧来の数学の継承にとっては)新しいタイプの数学研究を行なうことで，ゲーデルの加速定理の現象の追い風を受けて思考の加速を得ながら，人間にとって理解可能な数学の領域を拡張してゆくことが，近未来における(人類の知性の尊厳としての)数学の存続のための重要な鍵の一つとなる，ということは十分にありうるし，むしろ，それ以外のシナリオはありえないようにも思えるのである．

●参考文献

[Banach-Kuratowski 1929] Stefan Banach and C. Kuratowski, “Sur une généralisation du problème de la mesure”, Fundamenta Mathematicae, Vol. 14,(1929), 127-131.

[Cantor 1883] Georg Cantor, “Grundlagen einer allgemeinen Mannigfaltigkeitslehre — ein mathematisch-philosophischer Versuch in der Lehre des Unendlichen”, Commisions-Verlag von B. G. Teubner, Leipzig,(1883).

[Cohen 1966] ________, Set Theory and the Continuum Hypothesis, Dover Books on Mathematics(2008); edition originally published by W. A. Benjamin,(1966).

[デデキント 1872/1888] R. デデキント；渕野 昌(訳/解説)，“数とは何かそして何であるべきか”，(Richard Dedekind, “Stetigkeit und irrationale Zahlen”(1872)と “Was sind und was sollen die Zahlen”(1888)の日本語訳および解説)，ちくま学芸文庫，(2013)，1-336.

[渕野 2013] 渕野 昌，“[[[不完全性定理に挑む] に挑む] に挑む]”，科学基礎論研究，Vol. 41, No. 1,(2013), 63-80.

[渕野 2013a] “フォン・ノイマンと公理的集合論”，現代思想，2013年8月増刊号，(2013), 208-223.

[渕野 2014] ______，““コーエンの強制法”と強制法”，数理科学，2014年10月号，No. 616(2014), 75-83.

[渕野 2016] ______，“集合論(＝数学)の未解決問題”，現代思想，2016年10月臨時増刊号　総特集＝未解決問題集，(2016), 109-129.

[渕野 2018] ______，“『無限のスーパーレッスン』の hyper-critique”，

http://fuchino.ddo.jp/misc/superlesson.pdf, 2018年01月01日(15：52)版.

[渕野 201？] ______，“数学と集合論 — ゲーデルの加速定理の視点からの考察 —”，submitted.

[Fuchino 2017-] Sakaé Fuchino, http://fuchino.ddo.jp/katowice/, (2017/2018 の Katowice (Poland)での講義の lecture note(work in progress)と関連文献，2017-)

[Gödel 1931] Kurt Gödel, “Über formal unentscheidbare Sätze der Principia Mathematica und verwandter Systeme, I”, Monatshefte für Mathematik und Physik, Vol. 38, No. 1, (1931), 173-198.

[Gödel 1937] ________, “Über die Länge von Beweisen”, *Ergebinisse eines mathematischen Kolloquiums* 7, (1936), 23-24.

[Gödel 1940] ________, “The Consistency of the Axiom of Choice and of the Generalized Continuum-Hypothesis with the Axioms of Set Theory”, Princeton University Press, (1940).

[Gödel 1947] ________, “What is Cantor's Continuum Problem?”, The American Mathematical Monthly, Vol. 54, No. 9, (1947), 515-525.

[Jech 2001/2006] Thomas Jech, “Set Theory”, The Third Millennium Edition, Springer, (2001/2006).

[Kanamori 1996] Akihiro Kanamori, “The Mathematical Development of Set Theory from Cantor to Cohen”, The Bulletin of Symbolic Logic, Vol. 2, No. 1, (1996), 1-71.

[Kanamori 2009] ________, “The Higher Infinite”, Second Edition, Springer Monographs in Mathematics, Springer-Verlag, (1994/2003/2009). 日本語訳：渕野 昌訳，“巨大基数の集合論”，シュプリンガー・フェアラーク東京，(1998), I-VI, 1-554.

[Kanamori 2011] ________, “Historical remarks on Suslin's Problem”, in : Juliette Kennedy and Roman Kossak (eds), “Set Theory, Arithmetic and Foundations of Mathematics : Theorems, Philosophies”, Lecture Notes in Logic, Vol. 36, Association for Symbolic Logic, (2011), 1-12.

[Koellner 2016] Peter Koellner, “The Continuum Hypothesis”, The Stanford Encyclopedia of Philosophy (Winter 2016 Edition), Edward N. Zalta (ed.), https://plato.stanford.edu/archives/win2016/entries/continuum-hypothesis/.

[Kunen 1980] Kenneth Kunen, “Set Theory”, An Introduction to Independence Proofs, Elsevier (1980).

[Kuratowski 1921] Kazimierz Kuratowski, “Sur la notion de l'ordre dans la Théorie des Ensembles”, Fundamenta Mathematicae, Vol. 2, (1921), 161-171.

[Mathias 1992] Adrian Mathias, “The Ignorance of Bourbaki”, In : Mathematical Intelligencer 14, (1992), 4-13.

[Montague 1955] Richard Montague, “Nonfinitizable and essentially nonfinitizable theories” (Abstract), Bulletin of the American Mathematical Society, 61, (1955), 172-173.

[Moore 2011] Gregory H. Moore, “Early history of the generalized continuum hypothesis : 1878-1938”, The Bulletin of Symbolic Logic, Vol. 17, No. 4, (2011), 489-532.

[Solovay-Tennenbaum 1971] Robert M. Solovay and Stanley Tennenbaum, “Iterated Cohen extensions and Souslin's problem”, Annals of Mathematics, (2) 94, (1971), 201-245.

[Tennenbaum 1968] Stanley Tennenbaum, “Souslin's Problem”, Proceedings of the National Academy of Sciences of the United States of America, 59, (1968), 60-63.

[von Neumann 1923] J. von Neumann, “Zur Einführung der transfiniten Zahlen“, Acta litteraruma ac scientiarum Regiae Universitatis Hungaricae Francisco-Josephinae, Sectio scientiarum mathematicarum 1”, (1923), 199-208.

[Rosser 1936] John Barkley Rosser, “Extensions of some theorems of Gödel and Church”, Journal of Symbolic Logic, Vol. 1 (1936), 87-91.

[Sierpiński 1928] Wacław Sierpiński, “Sur un ensemble non denombrable, dont toute image continue est de mesure nulle", Fundamenta Mathematicae, Vol. 11, No. 1, (1928), 302-304.

[Solovay 1971] Robert M. Solovay, "Real-valued measurable cardinals", Axiomatic set theory, Proceedings of Symposium in Pure Mathematics, Vol. XIII, Part I, American Mathematical Society, (1971), 397-428.

[Ulam 1930] Stanisław Ulam, "Zur Masstheorie in der allgemeinen Mengenlehre ", Fundamenta Mathematicae, Vol. 16, (1930), 140-150.

[Weyl 1918] Herman Weyl, "Das Kontinuum : kritische Untersuchungen über die Grundlagen der Analysis", *Veit und Comp., Leipzig* (1918), English translation : "The Continuum : A Critical Examination of the Foundation of Analysis", translated by Stephen Pollard and Thomas Bole, Thomas Jefferson University Press, (1987). Corrected republication, Dover (1994). [日本語訳]：ヘルマン・ヴァイル著，渕野昌，田中尚夫 翻訳／解説，"連続体"，日本評論社，(2016).

[Weyl 1946] ______, "Mathematics and Logic", The American Mathematical Monthly, Vol. 53, No. 1, (1946), 2-13.

[Wikipedia : Real-valued measurable cardinal]
`https://en.wikipedia.org/wiki/Measurable_cardinal#Real-valued_measurable`

[Wikipedia : Strong measure zero set]
`https://en.wikipedia.org/wiki/Strong_measure_zero_set`

[Wikipedia : Suslin's Problem]
`https://en.wikipedia.org/wiki/Suslin%27s_problem`

[Zermelo 1908] Ernst Zermelo, "Untersuchungen über die Grundlagen der Mengenlehre I", Mathematische Annalen, 65 (1908), 261-281. 日本語訳："集合論の基礎に関する研究 I"，[デデキント 1872/1888] の日本語訳に付録 B として収録.

（ふちの・さかえ／神戸大学）

●トピックス

神と星と詩とともに歩む——古代インド数学の歴史と特徴

呂 鵬

はじめに

インドの数学は紀元前1千年紀にヴェーダの補助学として生まれ，暦の計算や祭壇の設計のために三量法や三平方の定理を駆使していた．5世紀〜7世紀にアールヤバタやブラフマグプタなどの数理天文学者は数学を専門の知識として大きく発展させ，十進位取り記数法・三角法・代数学を発明した．これらの知識は後にイスラム世界を経由しヨーロッパにも伝えられた．12世紀のバースカラ二世の『リーラーヴァティー』と『ビージャガニタ』はインド数学の繁栄の頂点をなす集大成であったが，同時にサンスクリット語で綴られた美しい詩文でもあった．そのためインドではこれらを数学の教科書として教える学校が近代まで存在した．13世紀以降，北インドはイスラム政権の下に置かれたが，インド独自の数学研究は南インドの地で17世紀まで続けられ，無限小や級数展開についていくつかの発見がなされた．

本稿では，こういったインド数学の歴史的な歩みを辿ることによって，その誕生と発展に強く影響を与えたインド宗教と天文学との関係をまず明らかにしたい．その上でインド数学の特徴，すなわち思想上の重要な発見と形式的韻文による表現について，具体例を使って論じたい．これによってインド古典数学の全体像と，それをめぐる様々な文化的な要素の働きを解明できればと期待する．

1. インド数学の歴史

ヴェーダ祭式を支える数学知識

インド亜大陸[*1]で知られている最古の文明は紀元前約2600年から前1800年まで栄えたインダス文明(Indus Valley Civilization)であり，ハラッパー(Harappa)やモヘンジョダロ(Mohenjo-daro)などのインダス川流域に発見された都市遺跡はその代表である．遺跡の城壁や出土した印章には文字，あるいは文字らしきものが確認できるが，未解読のためその中に数学の知識が記載されたかどうかはわからない．ただし文字のほかに計画的に建築された街や縦：横：厚さの比が4：2：1で焼いた煉瓦などの証拠からみると，インダス文明が相当な程度の幾何学の知識を有していたことは間違いない．さらに，モヘンジョダロの遺跡から発掘された天秤のおもりと物差しを分析した結果，インダス人が既に十進法を用いていたという可能性が示された．つまり，これらのおもりは定まった重さで何種類もあり，その中で一種類を基準1とするとほかのおもりが0.05，0.1，0.2，0.5，10，50，100，200，500の重さになるように作られていた．十進法において，こ

＊1　現在のインド，ネパール，パキスタン，スリランカ，バングラデシュなどの国を含む地域の総称．

のような 1，2，5 の組み合わせで任意の数量が簡単に得られることは明らかである．一方，モヘンジョダロで見つかった物差しは貝殻製の長さ 66.2 mm の断片で，そこに 6.7 mm の間隔で 9 本の線が刻まれている．[*2] 貝殻の大きさに制限があるため，全長が 67 mm だと想定されると，やはり十進法が物差しに使われたと考えられる．ところが，今述べた幾何学の知識と十進法は本稿のテーマである後のインド数学史とは無関係かも知れない．というのも，インダス文明は気候変動あるいはアーリア人の侵入により，紀元前 1800 年頃に滅亡したとされているからである．

アーリア人(Aryan)はいわゆる「インド」という文明を築いた人々であり，中央アジアのステップ地帯を出自とし，インド亜大陸に来たのはインダス文明が衰退する紀元前二千年紀前半と言われる．彼らが話すサンスクリット(Sanskrit)は古代ペルシア語やギリシア語と近い親縁を持ち，今では「インド・ヨーロッパ語族」に分類される．後で紹介するインド数学文献のほとんどはこのサンスクリットで著されたものである．有名なアーリア人の聖典『ヴェーダ』(*Veda*)はサンスクリットで作られた最古の文献であり，紀元前 1500 年から前 800 年頃に成立したとされ，後にインド文明の基礎になるものである．「ヴェーダ」とは動詞の「知る」(vid)からの派生語で，「知識」を意味し，特にアーリア人にとって最も神聖なるヴェーダ祭式に関わる知識を指す．また，ヴェーダ祭式は基本祭壇を設けて祭火を焚き，賛歌を歌いながら供物を祭火に投げて神々に捧げるという形をとる儀式のことであり，この祭式を通して神々からの恩恵が期待される．『ヴェーダ』にはこの祭式で歌われた賛歌の歌詞とメロディーが記載されているほか，祭式の作法や供物の準備や呪文などの内容も含まれている．インド最古の十進法を用いた数詞はこの宗教的な文献，ヴェーダ賛歌の中に確認され，一から十，百，……，そして兆まで数えられた．一方，祭式を実行するためには賛歌と作法だけでは足りず，祭式を行う日と時間の決定や祭壇の建築のためにほかの専門知識も必要になる．このような背景のもとにヴェーダの補助学として「ヴェーダーンガ」(vedāṅga)と呼ばれた文献群がヴェーダ時代のすぐ後の数百年内に成立した．とくに暦を計算する『ジョーティシャ』(*Jyotiṣa*)と祭壇の設計を説く『シュールバスートラ』(*Śulbasūtra*)が数学の知識を多く有することに我々は注目したい．

『ジョーティシャ』のタイトルは「光・天体」を意味する「jyotis」からの派生語で，「天文学」と訳すこともできる．早期天文学の一大目標は天体の運行から暦法を確立することである．ヴェーダ時代の人々は月の満ち欠けの周期で月と日付を決め，星宿を背景にした太陽の運動で季節と一年の変化を定め，一種の「太陽太陰暦」を作り上げた．『ジョーティシャ』にはこの暦に関わる「ユガ」(yuga)と呼ばれる太陽と月と星宿との周期的な会合についての年・月・日の数などの定数が示されて，その定数から特定の祭式を行う日と時間を決める計算法が与えられている．『ジョーティシャ』にはインド古代天文学にとって最重要とも言える「三量法」(trairāśika)と呼ばれる比例計算が初めて記述されたほか，昼夜の長さを求める折線関数，太陽と月の星宿の中の位置を計算する合同式など，

＊2　ジョージ・G・ジョーゼフ著，垣田高夫ほか訳『非ヨーロッパ起源の数学』講談社，1996 年，p. 302.

より複雑な数学手法も記述されている．

一方，『シュールバスートラ』のタイトルは「縄の経」を意味し，インド人が祭壇を設計する際に縄と杭を用いることから由来する．その内容は正方形，長方形，三角形，円形，台形などの作図法から始め，これらの基本図形をいくつも組み合わせてより複雑な祭壇を作る方法となっている．祭壇は目的に応じて違う形が要求された．たとえば，天界へ行くのを願う人なら図１のような一番複雑な鷲形の祭壇が求められた．

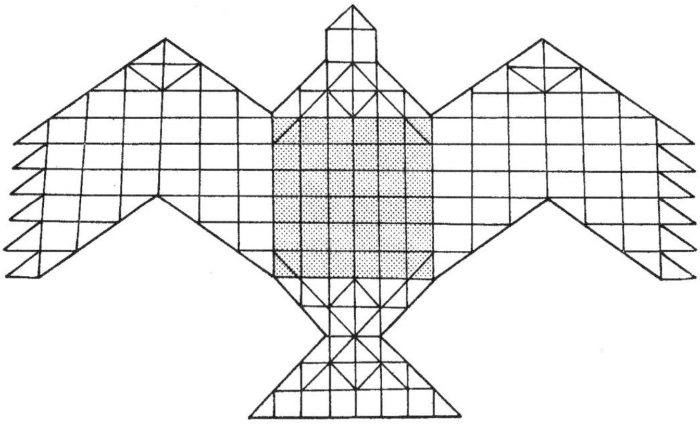

図１　鷲形の祭壇[*3]

『シュールバスートラ』にはそれ以外に，ある形の祭壇をそれと同じ面積，あるいは２倍の面積を持つほかの形の祭壇に改築するという類の問題もよく見られる．

以上挙げられた問題を解くためにはかなり高度な数学知識が必要である．その中には古代初めての「三平方の定理」についての一般的な記述が見られる．

> 「長方形の対角線は，長辺と短辺が別々に作る〈面積の〉両者を〈合わせたものを〉作る」．[*4]

ほかにも正方形の対角線計算法

$$\text{正方形の対角線} = 1+\frac{1}{3}+\frac{1}{3\cdot 4}-\frac{1}{3\cdot 4\cdot 34} \approx 1.414215$$

（正方形辺長を１とする）

があり，これは$\sqrt{2}$の近似値(1.414213…)に非常に接近している．

以上見てきたように，ヴェーダ祭式を間違いなく実行するためにインド人は少なくとも紀元前１千年紀前半頃に『ジョーティシャ』のような数理的天文学，そして『シュールバスートラ』のような実用的な幾何学を成立させた．両者以外にも，同じく「ヴェーダーンガ」に属する韻律学文献の中においてある程度の数学の使用が見られる．これらの数学的知識の由来についていくつかの仮説が挙げられている．折線関数や正方形の対角線計算法などがメソポタミア文明(紀元前４千年紀～前２千年紀頃)にも見られるという点からバビロニア伝入説を主張する

＊3　Staal, F., *Agni*, Vol. 1, Berkeley : Asian Humanities Press, 1983. 66.
＊4　矢野道雄著『インド数学の発想』NHK 出版，2011 年，p. 112.

学者もいれば，数学は普遍的なもので影響関係を論ずる必要がなくインド独自のものと見る学者もいる．さらに，祭壇を建造する際に焼き煉瓦が使われるなどの点から，『シュールバスートラ』の幾何学はそれ以前に存在していたインダス文明の名残りではないかと考える人もいる．ただ当時の背景に鑑みて，ヴェーダ補助学中の数学知識とヴェーダ祭式が非常に親密な関係にあり，祭式を正確に行うために多様なルートでいろいろな数学知識をかき集めた可能性も考えられるだろう．

インド数学の伝統における大きな断絶

紀元前500年頃に入ると，それまで重要とされていたヴェーダ祭式(特に大規模なもの)が次第に実行されなくなり，祭式を担うバラモン層が祭式自体から祭式の哲学的意味を説くことに力を入れるようになった．その背景にはヴェーダの権威が仏教やジャイナ教という当時の新進宗教から思想的な挑戦を受けていたことが考えられる．早期の仏教やジャイナ教はサンスクリットを使わずに俗語(Prakrit)と方言で説法を行い，低層民衆の関心を集めた．その結果としてインドの宗教哲学は大きく発展したが，『シュールバスートラ』のような祭壇を作るための数学知識はヴェーダ祭式の終焉とともに人々に忘れ去られてしまった．というのも，後の時代の数学書に見られる図形数学との連続性がほとんど見られないからである．『ジョーティシャ』も暦法が後世に用いられることがなく，伝承も途切れたと思われるが，その暦定数の一部はジャイナ教の暦法に取り入れられて，別の形で伝えられた．さらに，紀元前1千年紀後半からのおよそ1000年の間は数学と関わるサンスクリット文献が発見されておらず，インド数学史の「暗黒時代」とも言える．ところが，ヴェーダ・バラモン教の伝統とは別に，上に述べたように，外道とされるジャイナ教文献の中には僅かではあるが，ヴェーダ時代とは少し異なった数学知識を確認できる．そこでも数学はやはり宗教目的で研究されていたと考えられる．

ジャイナ教は教祖のマハーヴィーラ(Mahāvīra)が前6世紀頃開創した宗教で，無神論の観念を持ち，正しい認識と厳しい修行によって解脱を目的とする．そして正しい認識を獲得するために，ジャイナ教経典には世界・人間のあり方に関する議論が多くあり，中には数学を用いて説明する場面も見られる．たとえば，図2はジャイナ教の宇宙図であり，スカートをはく女性のように見える．人間の住むところは真ん中の腰の部分で，その上は神々の世界，下は七つの地獄となっている．この宇宙全体，またそれぞれの世界の大きさを示すために，面積と体積の計算だけでなく，指数のような考え方や等差級数と等比級数の和の公式もその経典の中に見られる．さらに，七つの地獄に一人から，二人，三人，……，十人，また無限の人が落ちる場合，何通りあるのかを論じるところに順列組合せの列挙順序が述べられている．[*5] 説法のためとは言え，ジャイナ教徒は恐らくこのような数学的分析方法こそが正しい認識への有効な手段だと気付き，そして熱心に数学を研究していたと思われる．

＊5　詳しくは林隆夫著『インドの数学』中央公論社，1993年，pp. 114-116を参照．

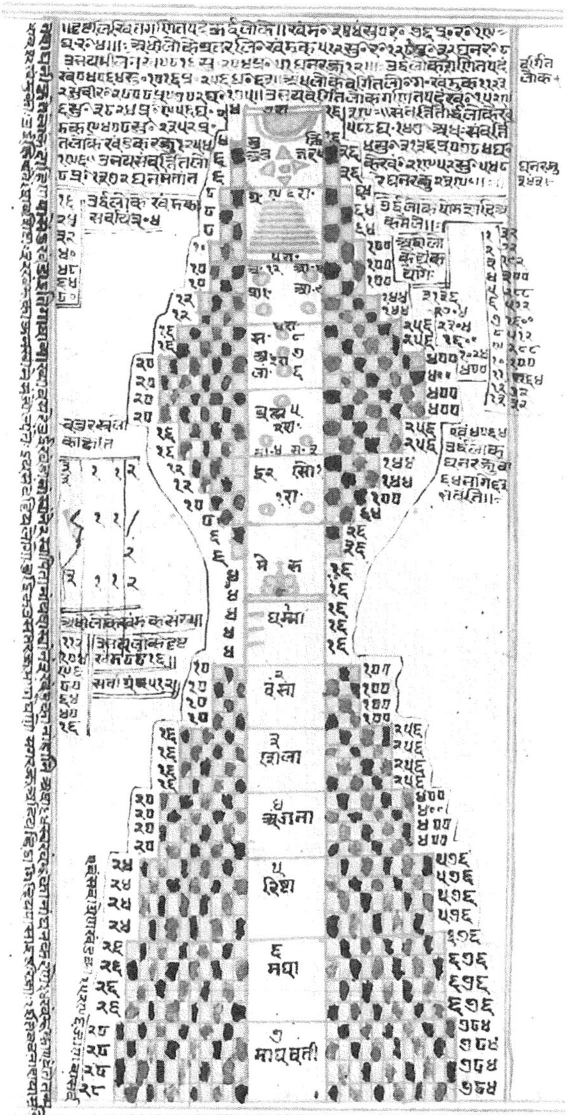

図 2　ジャイナ教の宇宙図*6

天文学とともに繁盛期を迎える数学

ヴェーダ時代以後，インド天文学と数学の新しい伝統を創ったのは紀元 476 年生まれのアールヤバタ（Āryabhaṭa）である．彼は天文学書『アールヤバティーヤ』（*Āryabhaṭīya*）を著し，周転円モデルや弦の表などを用いるギリシア的要素が多く見られる数理天文学を教えた．というのも，紀元後の 4，5 世紀頃にギリシアの占星術がインドに伝来し，その流行とともに惑星の位置を求めるのにギリシア天文学が用いられていたからである．『アールヤバティーヤ』は「アールヤバタによるもの」を意味し，サンスクリットの韻文（詩）で書かれた作品全体が四章に分けられている．その第 1 章は天文学定数を与える「十の詩の章」，第 2 章は

＊6　定方晟著『インド宇宙論大全』春秋社，2011 年，p. 352.

数学を扱う「数学の章」，第3章は惑星位置の計算などを示す「時の計算の章」，そして第4章は天球モデルと宇宙論を説く「天球の章」になっている．ここで「数学」にあたるサンスクリットは「gaṇita」であり，もともと「群れ」を意味する「gaṇa」に由来し，「数えられた〈もの〉」が本来の意味である．アールヤバタ以後もインドでは一般的な学問としての数学を「gaṇita」と呼ぶ．章立てを見てもわかるように，数学は定数を紹介した後に，惑星計算の前で教えられていることから，天文学研究の基礎として扱われたかのように思われる．つまり，占星術が天文学を要求し，そして天文学が数学を要求するという構図である．ただし『アールヤバティーヤ』中の数学知識は，単純に三量法や弦の計算，一次不定方程式などといった天文学用の数学だけでなく，十進位取りの規則や，面積と体積の計算，級数，利息，一元一次方程式など，より一般的，実用的な内容も含む．[*7]　ギリシアに強く影響された天文学と対照的に，このときのインド数学にはギリシア的要素がほとんど見られず，むしろ古代中国の数学によく似て，算法(アルゴリズム)を中心としている．この点については第2節において詳しく説明していこう．

アールヤバタの「数学の章」は紀元後初めての数学文献としての重要性はもちろんだが，あまりに難解な韻文のため注釈書も多く現れて，それを元とした数学研究が何世紀も続いた．その中でもアールヤバタの後継者とされる7世紀の天文学者バースカラ(Bhāskara)と15世紀南インドのマーダヴァ学派のニーラカンタ(Nīlakaṇṭha)による注釈は特に注目すべきである．さらに，アールヤバタの伝承に属してはいないが，よく彼を意識して数理天文学書を著し，インド数学の基本的枠組みを成立させた人物が紀元598年生まれのブラフマグプタ(Brahmagupta)である．彼の『ブラーフマ・スプタ・シッダーンタ』(*Brāhmasphuṭasiddhānta*)は天文，数学，宇宙論などインド古典天文学で扱われる主題すべてを論じる百科全書的な大著であり，その中の第12章「数学」と第18章「クッタカ」が数学を述べる部分である．アールヤバタの「数学の章」と同じく，ある程度独立した数学書と見做すことができる．その第12章の内容は加減乗除や，分数，三量法のような基本演算と，数列や平面図形，堀と積み重ねの体積計算などの実用算であり，いわゆる「算術」に相当する．一方，第18章はまずクッタカ(kuṭṭaka)と呼ばれる一次不定方程式と，それに関連する負数と零の計算法を教え，さらに一元一次，一元二次方程式，多元連立方程式などの解き方を与える「代数」に関する章と見做すことができる．後のインド数学の二大分野，パーティー・ガニタ(pāṭī-gaṇita)およびビージャ・ガニタ(bīja-gaṇita)は，それぞれ『ブラーフマ・スプタ・シッダーンタ』のこの二章の内容に対応し，既知数学，未知数学とも呼ばれている．また，インドの数学書は基本的に一連の韻文によって表された算法と例題からなるが，その表現の形式もブラフマグプタから始まったと考えられている．

7世紀以降，インドの天文学と数学は共にアールヤバタとブラフマグプタらが導いた方向へ進み，ようやく12世紀頃に一つの頂点であるバースカラ二世

*7　詳しくは矢野道雄編『インド天文学・数学集』朝日出版社，1980年，pp. 94-109，また林隆夫著『インドの数学』pp. 155-186を参照．

(Bhāskara II)の『シッダーンタ・シローマニ』(*Siddhāntaśiromaṇi*)に結実した.「二世」と呼ぶのは，前に述べた7世紀のバースカラと区別するためである．そして「天文学の王冠石」という意味を持つこの書は，既知数学の書『リーラーヴァティー』(*Līlāvatī*)，未知数学の書『ビージャガニタ』(*Bījagaṇita*)，[*8] それに天文書『惑星計算の章』および『天球の章』からなる四部作である．それぞれ独立の作品としての性格が強く，特に『リーラーヴァティー』と『ビージャガニタ』は算術と代数の教科書としてもインド全土で普及することになる.[*9] それらの内容はほぼインド古典数学の集大成で，全体の構成もよく整理されており，平易かつ美しい韻文で綴られていることから非常に教育に適していたからである.

13世紀以後，北インドはイスラム政権によって統治されることとなる．1206年にトルコ人が侵入しデリー・スルターン朝を開き，1526年にはモンゴル人がムガル帝国を樹立した．イスラム世界がプトレマイオスの『至大論』やユークリッドの『原論』といったギリシア科学の保存に熱心で，翻訳と研究も盛んに行ったことはよく知られている．このような背景の中で北インドではインド本来の数学，天文学の発展が止まり，その研究の伝統は南に移った．そしてようやく西南海岸にあるケーララ(Kerala)の地で開花したのである．14-15世紀の天文学者マーダヴァ(Mādhava)はアールヤバタを研究し，彼の弟子たちもその研究を引き継ぎ，後にマーダヴァ学派という伝統を作り上げた．マーダヴァ学派の中でも，特に16世紀のニーラカンタは『アールヤバティーヤ』に注釈を施して，マーダヴァと彼自分の円周率および三角法における重要な発見を世に残した.

これまで挙げてきた数学的書物は宗教的文献に含まれていて，あるいは数理天文学の一部として，ほかの部分から分離して研究することも可能であるが，学問として「補助的」な地位である点は変わらない．というのも，その数学を教える目的はあくまでも祭式の実行や教義の理解，天文計算のためだからである．『ブラーフマ・スプタ・シッダーンタ』の「クッタカ」章で与えられた例題がほとんどすべて天文暦法に関するものであることはその極端な例である．ところがまさにブラフマグプタの時代からこの状況が変わり始めた．紀元7世紀のバースカラの記述には，「数学に精通した者」という言葉を用いて何人かの名前を挙げたところがあり，実はその時代にはすでに数学を一学問として見る意識があったと考えられる．8世紀に入ってからは数学そのものを専門テーマとする著作も多く現れるようになった．特に純粋な数学者とされるシュリーダラ(Śrīdhara，8世紀)の『三百偈』(*Triśatikā*)と『パーティーガニタ』(*Pāṭīgaṇita*)，ジャイナ教徒マハーヴィーラ(Mahāvīra，9世紀)の『数学精髄集成』(*Gaṇitasārasaṅgraha*)，ナーラーヤナ(Nārāyaṇa，14世紀)の『数学の月光』(*Gaṇitakaumudī*)の内容が豊富で，インド古典数学を代表する作品である．また，1881年に今のパキスタンのバクシャーリー村で出土したいわゆる『バクシャーリー写本』(*Bakhshālī Manuscript*)は断片的な状態であるが，数学的知識のみが記載されている．これはサンスクリット数学写本として現存する最古(8-12世紀)のものである．記述形式や

*8　この本について，林隆夫による注訳研究『インド代数学研究』が恒星社厚生閣から2016年に出版されている．本誌28号にも上野健爾による同書の書評が掲載されている.

*9　林隆夫著『インドの数学』pp. 245-246.

用語から判断すると，その内容はおそらく7世紀頃の数学であると思われる．[*10] 天文書の中に含まれた数学書と比べてみると，これらの数学専門書は算法－例題という形式は同じであるが，扱う問題の範囲が一層広くなっている．利息計算や遺産分配，合金分析などの応用問題もあれば，音節の数から韻律の計算や魔方陣のような一見変わった数学知識もある．

2. インド数学の特徴

十進法にまつわる発想

アールヤバタ以降，何世紀にも亘って集められてきた数学書の内容からインド数学の成長の過程を窺うことができる．ここですべてのテーマについて論じることは不可能だが，その中の特にインドならではの数学的発想を挙げてみることにする．

まずは先にも触れたように，インドが後の世界に大きく貢献した十進位取り記数法は『アールヤバティーヤ』の中で初めて明確に述べられた．

> 「一・十・百・千・万・十万さらに，百万・千万・億・十億〈が10個の位の名称である．ひとつの〉位から〈次の〉位へと10倍になっている」．[*11]

一，十，百，千，万などの十進法数詞はヴェーダ時代まで遡ることができるが，ここで重要なのは十進法に位取りを取り入れることである．「位」は位置のことで，位置の違いでそれが表す値も違い，隣り同士だと10倍の差になる．7世紀のバースカラは彼の『アールヤバティーヤ注解』(以下『注解』)の中で小さい丸い円，

○ ○ ○ ○ ○ ○ ○ ○ ○ ○

を書いて，「位」というものを一目瞭然に表した．[*12] インドの数学者が基本的にアバクス(算盤)を持たずに，算板，または地面において筆算を行うことを反映して，ここでは円だが，実際の数表記のときには「位」の中に「数字」が塡められたと考えられる．インド最古の数字は，紀元前3世紀頃のアショーカ王碑文に確認できるが，位取り法ではなく，数字同士の和や積を求め，数量を記録したものである．もともとサンスクリットの数詞も和や積の原理を利用しているため，数詞を簡略化した記号として最初の数字が考案されたと思われる．位取り法で表記された数字が最初に確認されたのはインド，サンケーダ(Sankheda)の地で発見された銅板の銘文である．そこでは数字を使って銘文の年代が記録されている．チェーディ暦(Chedi Era)346年，すなわち紀元595-596年のことである．考古学的資料では十進位取り数表記法は6世紀末までしか遡ることができないが，『アールヤバティーヤ』と『注解』を吟味すると，開平法などがそれを前提

*10 同上 p. 220.
*11 矢野道雄編『インド天文学・数学集』p. 94.
*12 Shukla, K. S. ed., *Āryabhaṭīya of Āryabhaṭa with the commentary of Bhāskara I and Someśvara*, New Delhi : Indian National Science Academy, 1976. p. 47.

として述べられており，実は5世紀頃にその成立が確実であると考えられる．また，位取り法にとってなくてはならない数字「0」に関しては，やはり6世紀の半ばがその誕生の下限であることが次のような分析からわかる．

現在使われている数字の「0」は，位取り法の中で空位を表す記号の機能と，計算の対象としての数量の機能の両方に携わるものと理解される．銘文や写本などで見られるように，インドでは記号の「0」を点，あるいは小円で示しているが，[*13] 考古学的資料では10世紀からしかその存在は確認できない．ところが，バースカラは『注解』において「点」という言葉を用いて零を述べる箇所がある．そこに彼は数字でなくサンスクリット特有の「単語連想式数表記法」(bhūta-saṃkhyā)で4320000という数を以下のように示した：

「空(0)－雲(0)－点(0)－雲(0)－双子(2)－火(3)－完美(4)」

ここで「空」と「雲」は零の空虚さを彷彿とさせるのに対し，「点」というのは零の形状，つまり0記号を連想させる．また，零＝点という表記法は，バースカラの時代より少し前の，紀元550年に著された天文書『パンチャシッダーンティカー』(*Pañcasiddhāntikā*)の中にも確認されている．さらに同書には，零が計算の対象となり数量の機能を働く，おそらく最初の用例も示されている．

「太陽の運行速度は順に，六十〈分〉引く三，三，…，足す一，一，…，引くゼロ，一である」．

すなわち，60－0＝60ということになる．そして零に関する加減乗除の規則すべてが揃えられたのは，そのすぐ後の『ブラーフマ・スプタ・シッダーンタ』の「クッタカ」章である．ここでインドにおける零の発明が完成されたと考えられる．[*14]

球の体積問題と正弦表

次は体積をめぐる研究，特に正確な球の体積公式に至るまでの歩みを見ていこう．アールヤバタの『アールヤバティーヤ』はインド数学の新しい伝統を創った権威のある作品であるが，その中で与えられた規則がすべて正しいとは限らない．その体積に関する二つの算法はいずれ誤っている．すなわち，アールヤバタは，六稜体(四面体)の体積($V_{\text{四面体}}$)は底面三角面積(S)と高さ(h)の積の半分

$$V_{\text{四面体}} = \frac{S\cdot h}{2}$$

であり，球の体積($V_{\text{球}}$)は大円の面積(A)に自分の平方根を掛けたもの

$$V_{\text{球}} = A\sqrt{A}$$ [*15]

と述べている．アールヤバタの体積公式は，三角形と円形の面積公式から直接の類推によって導かれたものと言われ，[*16] インドにおける体積問題に対して最初

＊13　インド人は，点と小円をあまり厳密に区別しなかったらしい．林隆夫著『インドの数学』pp. 28-29参照．
＊14　ゼロの発明をめぐってその詳細は林隆夫著『インドの数学』を参照．
＊15　矢野道雄編『インド天文学・数学集』p. 96．
＊16　林隆夫著『インドの数学』pp. 163-164．

の試みと思われる．その後，四面体体積公式が錐体の形をした「堀」の容積として7世紀にブラフマグプタによって正確に

$$V_{四面体} = \frac{S\cdot h}{3}$$

と与えられた．この公式に至る経緯はわからないが，[*17] 堀というテーマの下に置かれていることは，紀元前1世紀のものとされる中国の数学書『九章算術』にある体積を堀や垣の土石量で表す「商功」の章のことを連想させる．中国では四面体の体積公式が正確に与えられて，さらに3世紀の注釈者，劉徽によって立体的分割法と極限的分析法で巧妙に証明された．ちなみにこれと関係する円錐体積の計算は，インドと中国の数学書の中では同じく穀物の積み重ねというテーマの下に論じられ，算法の細部まで類似している．したがって，これらの体積公式における知識伝播の可能性が窺われる．

球の体積については，四面体の場合と違ってアールヤバタの後，数百年間解決できず，ようやくこの難問を解いたのは12世紀のバースカラ二世である．彼のアプローチはまず球の表面の面積を求めて，それから球を頂点が球心にある多数の錐体の集合とみなして，その体積を求めるものである．すなわち，球体の直径をd，大円の周囲をCとするならば，球の表面積Sは

$$S = C\cdot d$$

になり，すでに知られている角錐の体積公式によって，球の体積Vは

$$V = \frac{1}{3}\cdot\frac{d}{2}\cdot S = \frac{d\cdot S}{6}$$

となる．ここで肝心なのは表面積Sを求める方法であり，そこに円における弦の計算が重要な役割を果たしている．

バースカラ二世はまず図3のように，半径rの半球面を弦間隔αのn個の円で分割する．第i番目の円の半径，すなわち弧$i\alpha$に対する正弦をJ_i，周をC_iとすると，

$$J_n = r, \qquad C_n = C = 4n\alpha$$

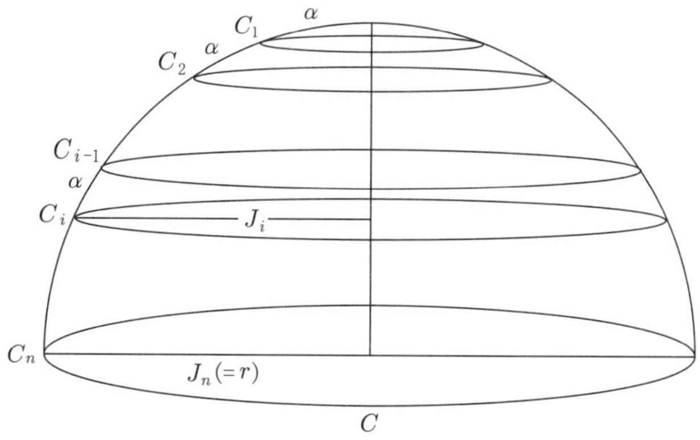

図3 バースカラ二世による球表面積の求め方

[*17] ヒルベルトの第3問題で示されたように，錐体体積公式を正しく導くには，積分のような連続的操作が必要である．

$$J_i = r\sin(i\alpha), \qquad C_i = \frac{C}{r}\cdot J_i \qquad (i = 1, 2, \cdots, n)$$

である．C_{i-1} と C_i で挟まれた帯の面積を A_i とすると

$$A_i = \frac{C_{i-1}+C_i}{2}\cdot\alpha \qquad (C_0 = 0)$$

になり，表面積は

$$S = 2\sum_{i=1}^{n} A_i = 2\alpha\left(\sum_{i=1}^{n-1} C_i + \frac{C_n}{2}\right) = 2\alpha\left(\sum_{i=1}^{n} C_i - \frac{C_n}{2}\right) = \frac{2\alpha C}{r}\left(\sum_{i=1}^{n} J_i - \frac{r}{2}\right)$$

として得られる．この最後の式においてそれぞれの弦(J_i)の長さを求めるために，バースカラ二世は正弦表を用いることにした．その正弦表は，四分円を 24 個の弧に割り，それに対応する 24 個の弦の長さを分単位で与えたものである．つまり，$n = 24, \alpha = 3°45'$ になり，

$$J_1 = 225', \quad J_2 = 449', \quad \cdots\cdots, \quad J_{24} = r = 3438'$$

であることが表よりわかる．したがって，

$$\frac{2\alpha}{r}\left(\sum_{i=1}^{n} J_i - \frac{r}{2}\right) = 6873.56\cdots \approx d$$

とすると，

$$S = C\cdot d$$

という球の表面積公式が得られた．*18　数値では近似的な結果になるが，バースカラ二世はそれが分割した帯の数が少ないことによるものとし，表面積公式の精確性を確信していたようである．なお，円における弧と弦の関係の探究は「三角関数」に先立ち，数理天文学にとって最も重要であった．その起源はギリシアにあるが，インドに伝えられたとき弧に張る「全弦」の代わりに「半弦」(図 3 の弧 $i\alpha$ に対して J_i が半弦)が採用された点がインドの特徴である．ここで用いられた 24 項の正弦表はアールヤバタによって初めて作られたもので，高い精度を持ち，バースカラ二世の時代までほとんど変わっていない．さらに，正弦表の応用のために，「補間法」と呼ばれる，任意弧に対する正弦値を求める方法がブラフマグプタによって考案された．彼の二次的補間法はニュートン補間法によく似ているが，後者より約千年前に発明されたものである．

三角関数の領域において更なる飛躍をもたらすのは前にも触れた 14-15 世紀のマーダヴァである．彼は西洋の数学者より三世紀も早くいくつかの三角関数の展開式を発見していたことがごく最近の研究によって明らかになった．そしてマーダヴァ自身の記述は残されていないが，これらの結果がニーラカンタなどの後継者によって次のような形で伝えられてきた．すなわち，半径 r の円で中心角 θ に対する弧を s とすると，

（1）　正弦($J = r\sin\theta$)は

$$J = s-\left[s\cdot\frac{s^2}{(2^2+2)r^2}-\left[s\cdot\frac{s^2}{(2^2+2)r^2}\cdot\frac{s^2}{(4^2+4)r^2}-\left[s\cdot\frac{s^2}{(2^2+2)r^2}\cdot\frac{s^2}{(4^2+4)r^2}\cdot\frac{s^2}{(6^2+6)r^2}-\cdots\cdots\right]\right]\right]$$

と展開される．これはマクローリン級数の中の正弦級数

＊18　楠葉隆徳ほか著『インド数学研究』恒星社厚生閣，1997 年，pp. 392-394.

$$\sin\theta = \theta - \frac{\theta^3}{3!} + \frac{\theta^5}{5!} - \frac{\theta^7}{7!} + \cdots\cdots$$

に相当する．

（2） 正矢$(A = r - r\cos\theta)$は

$$A = r\cdot\frac{s^2}{(2^2-2)r^2}$$
$$-\left[r\cdot\frac{s^2}{(2^2-2)r^2}\cdot\frac{s^2}{(4^2-4)r^2}-\left[r\cdot\frac{s^2}{(2^2-2)r^2}\cdot\frac{s^2}{(4^2-4)r^2}\cdot\frac{s^2}{(6^2-6)r^2}-\cdots\cdots\right]\right]$$

となる．これは余弦級数

$$\cos\theta = 1 - \frac{\theta^2}{2!} + \frac{\theta^4}{4!} - \frac{\theta^6}{6!} + \cdots\cdots$$

に相当する．

（3） 逆正接$(s = \tan^{-1}\theta/r)$は

$$s = \left(\frac{1}{1}\frac{J\cdot r}{K} + \frac{1}{5}\frac{J\cdot r}{K}\cdot\frac{J^2}{K^2}\cdot\frac{J^2}{K^2}\cdots\cdots\right)$$
$$-\left(\frac{1}{3}\frac{J\cdot r}{K}\cdot\frac{J^2}{K^2} + \frac{1}{7}\frac{J\cdot r}{K}\cdot\frac{J^2}{K^2}\cdot\frac{J^2}{K^2}\cdot\frac{J^2}{K^2} + \cdots\cdots\right) \qquad (K = r\cos\theta)$$

になる．これは

$$\theta = \tan\theta - \frac{\tan^3\theta}{3} + \frac{\tan^5\theta}{5} - \frac{\tan^7\theta}{7} + \cdots\cdots$$

に相当する．*19 これらの功績によって，マーダヴァは「古代数学の有限操作から，現代の古典解析の中核である無限への極限移行へと決定的な一歩を踏み出した」中世で最も優れた数理天文学者とされている．*20

詩でうたわれた数学

数学は詩と対極的な存在という印象が強いが，インドの場合はほとんどの数学書が算法と例題の集まりでありながら，韻文で綴られたまさに美しい詩である．数理天文学の開祖アールヤバタが総計121偈からなる『アールヤバティーヤ』を創って以来，何世紀もの間，ブラフマグプタ，シュリーダラ，マハーヴィーラ，バースカラ二世などの天文学者や数学者はみな競って自分たちの発見とその教示を詩的言葉にのせて後世に残したのである．詩文を吟味するには形式上では韻律，内容的には詩情が考慮されるべきだが，サンスクリットの原文をよらずに韻律を説くのは困難なので，ここでは数学書に含まれている詩情のほうに注目する．

マハーヴィーラによって作られた次のような詩節がある．そこでは，数学の中の様々なテーマに対して比喩的な描写が施されて，数学作品としては非常に珍しいものとなっている．

「この『数学精髄集成』という海は，術語の海水で充満している；〈八〉種類

*19 A. K. Bag. “Mādhava's Sine and Cosine Series”, *Indian Journal of History of Science*, 1975, 11(1) : 54–57.

*20 ジョージ・G・ジョーゼフ著，垣田高夫ほか訳『非ヨーロッパ起源の数学』p. 361.

> の基本演算はその砂浜である；分数の計算に表わされる生き生きした魚の群れと，それに対する様々な例題に表される巨大な鰐は特に注目される；三量法の一章は寄せてきた波で，混合の実用算の言葉は宝石のようなキラキラしている；面積問題はあたかも平坦な海底で，堀に関する立方算はその砂である；〈最後に〉天文学に関係する影の実用算は満潮時に反射してきた〈月の〉光のようにまぶしく見えている．必要な能力を備える数学者たちは，数学という道具を使って，〈この海の中から〉思いのままにそれらの奇物異宝を採るのでしょう．」[*21]

インド詩学の中では，詩情のことを「ラサ」(rasa)と呼ぶ．ラサの働きによって詩人の思いが詩を通って読む側に伝えられる．つまり，詩は読む側の感情に何らかの影響を及ぼさなければならない．上のマハーヴィーラの詩を読んだ後，あたかも海中の宝探しに参加するように数学研究に対する意欲が湧くのであろう．

次はバースカラ二世による代数の問題を述べる一節であり，そこからははやく問題を解いて自分でも助けたいという緊迫感が伝わって来るのであろう．

> 「蜜蜂の群れから，その全数の半分の平方根に等しい数，および全数の９分の８の蜂が蓮の花を離れて別な方向へ飛んでいった．ところが，香りに誘惑されて蓮の花の中へ飛び込んだ１匹の雄蜂は夜になって花が閉じたので外へ出られなくなってしまった．閉じ込められてブンブン羽音を立てている雄蜂に応えて，伴侶の雌蜂が心配そうに外から羽音を立てていた．愛する人よ，群れに蜂は何匹いたのか．」[*22]

「リーラーヴァティー」，すなわち「魅力的な女性」[*23]，という題名が示すように，バースカラ二世の数学書は数理が織りなされており，詩情も溢れている．インドにおいて優れた詩＝韻文を作る技術は，一流の学問となるために必要な技術とされていたようである．

11世紀ペルシアの学者アル・ビールーニー(al-Bīrūnī)は彼の『インド誌』で次のように証言している．

> 「彼らの書物のほとんどはシュローカ(韻文の一種)で書かれている．……彼らは自分たちのところにないもの(書物)が手に入るとそれをシュローカにする努力をするが，それは意味が理解できない．なぜなら，韻文は，数に関して〈あとで〉述べるように，凝っている必要があり，さもなければ，まるで散文であるかのように馬鹿にされ，恥かしい思いをするのである．」[*24]

この話を裏付けるような事例が知られている．あるギリシア占星術の本がインド

＊21　K. Plofker, "Mathematics in India", Victor J. Katz ed., *Mathematics of Egypt, Mesopotamia, China, India and Islam : A Sourcebook*, Princeton University Press, 2007. pp. 442–443.

＊22　ジョージ・G・ジョーゼフ著，垣田高夫ほか訳『非ヨーロッパ起源の数学』p. 366.

＊23　バースカラ二世の娘の名前であったとも言われるが，特にそれを裏付ける証拠はない．

＊24　楠葉隆徳「アラビア語文化とサンスクリット文化との交流に関する一考察」『大阪経済大学論集』2006，56(6): pp. 73-80.

に伝来したとき，初めはサンスクリットの散文に翻訳されたが，その後，何らかの理由で散文からさらに韻文に改編された．そして人々に学ばれ，今日まで伝えられてきたのは韻文の方である．

ところで，このような韻文化の努力は逆に数学の内容にも影響を及ぼす．数学者たちは常に韻文を意識した結果，多様な数字の表記法が考案されて，または音節の配列に関係する順列組合せがインド数学の特徴的テーマとして研究され続けた．例えば，前にも触れた「単語連想式数表記法」は，まさに数字をうまく韻文に嵌め込むために考えられた一つの手法である．その原理は，世の中に存在する事物を数に対応させ，その事物を意味する言葉を数として用いることである．もし「2」を表したければ，「目」や「手」，「双子」のような「2」の概念を有する単語を，音節の数や長短の組合せに応じて適切に選べばよいということになる．様々な韻律の名前も，こういう数表記法に用いられることがある．例として19音節をもつ韻律「アティドリティ」(atidhṛti)は，自然物では記し難い「19」という数を表す．[*25]

数学に反映した文化と伝統

最後に，インドの数学者が韻文にこだわった理由を少し分析してみよう．まず，インド文明の深層に一種の「言語崇拝」が秘められていることが考えられる．古くから文法学は「ヴェーダ中のヴェーダ」，「学問中の学問」とい考えられており，インドの宗教や哲学など，すべての学問と密接に関係している．[*26] そして言語のこの主体的地位は，知識の教育および伝承において，文字による記録でなく言葉による暗唱を頼りにして，「口承」を基本とする文化的背景を作り上げた．詩 = 韻文は韻律の規則によって暗唱内容を歌いやすく，変化しにくいものにする効果があるから，とくに重視されていたわけである．このようなわけで，数学や天文学がもし立派な学問として扱われたければ，そのような韻文化の努力は不可欠であった．

もう一つの理由は，インドにおける数学が実用学であるということである．インドの数学書とは現代の論文のように新しい理論や解釈を論じるのでなく，天文学などにおける実際な問題を意識して，解法のためにどのように演算を行うかを教える教科書的なものである．したがって，その算法を韻文にのせて，暗唱させることはきわめて合理的である．

しかしこうした反面，韻文にされた数学書は非常に理解し難く，師匠による解説を必要とする．このことからインドの数学知識は数学書で述べられたもの以外に，その一部は教授の過程において伝承されることになる．そのため，アールヤバタやマーダヴァとその後継者たちが作った学派 = 伝統は重要であり，伝統の中で作られた注釈書の方がときに原典となる数学書より価値がある．さらに，数理科学的には珍しい現象であるが，インドでは伝統に従っているかどうかは数学と天文学の正確さの保証にもつながる．バースカラの『注解』にしばしば見られる「伝統の途切れざることにより」という文句は，公式や定数の由来の解説に用

*25　矢野道雄著『インド数学の発想』p. 66.

*26　J. F. Staal, “Euclid and Pāṇini”. *Philosophy East and West*, 1965, 15(2) : p. 114.

いられたり，反論者を論破する理由にされたりした．つまりアールヤバタの教えに対する「証明」となっているのである．これも数学が伝統の中に生きているゆえの特徴であろう．

●参考文献……………………

本稿に引用された文献はすでに脚注に示されているが，ここではインド数学をもっと知ろうとする読者のために特に重要な文献を挙げておきたい．

［1］は筆者が日本にいるときにインド数理天文学を教えてくださった，インド科学史の専門家矢野先生が編集された本で，本稿で言及されている『アールヤバティーヤ』，『リーラーヴァティー』および『アーパスタンバ・シュールバスートラ』の日本語訳と関連する研究が収められている．

矢野先生のもう一冊の著書［2］は，インド数理科学の伝統を辿りながら，インドが「IT大国」になった過去と現在を平易な言葉で紹介する一般向けの本である．

［3］はインド古典数学研究の第一人者である林先生によるインド数学史に関する優れた専門書で，特におすすめする．

最新作の［4］は『ビージャガニタ』とその注釈書の日本語訳と研究で，本誌28号で上野先生による書評が掲載されている．

そして［5］はインドの数列・円周率・三角法を中心としする専門書であり，著者である三人の先生は，日本におけるインド数学史研究の最前線にいる方々である．

［6］は題名の通り，インドを含めて非ヨーロッパ圏の数学文明を紹介する一般向けの本であり，世界各地で生まれた数学の独自性と共通性を理解するには有意義である．

最後の［7］は原典の言葉を引用・解説しながらインド数学史を紹介する本で，英訳に興味がある方におすすめする．

［1］ 矢野道雄編『インド天文学・数学集』，朝日出版社，1980年

［2］ 矢野道雄著『インド数学の発想』，NHK出版，2011年

［3］ 林隆夫著『インドの数学』，中央公論社，1993年

［4］ 林隆夫著『インド代数学研究』，恒星社厚生閣，1993年

［5］ 楠葉隆徳・林隆夫・矢野道雄共著『インド数学研究』，恒星社厚生閣，1997年

［6］ ジョージ・G・ジョーゼフ著，垣田高夫・大町比佐栄共訳『非ヨーロッパ起源の数学』，講談社，1996年

［7］ Plofker, K., 'Mathematics in India', in *Mathematics of Egypt, Mesopotamia, China, India and Islam : A Sourcebook*, Princeton University Press, 2007, pp. 385–514.

（Peng LÜ／上海交通大学科学史与科学文化研究院）

●特別読み物

小数と対数の発見——第９章　常用対数にむけて

山本義隆

1.　ヘンリー・ブリッグス

ネイピアによる対数の提唱にもっとも素早く，そしてもっとも熱烈に反応したのは，ロンドンのグレシャム・カレッジの教授ヘンリー・ブリッグスであった．1615年3月にブリッグスは知人への手紙で「私は最近見いだされた対数という素晴らしい発明に没頭しています」としたため*[1]，表明している：

> マーチストンの城主ネイピアは，彼の新しい驚くべき対数でもって，私の心も体も虜にしました．神の思し召しがあれば，私はこの夏にも彼に会いたいと願っています．というのも，私をこれほど喜ばせこれほど驚かせた書物に，これまで出合ったことがないからです．*[2]

グレシャム・カレッジは，トマス・グレシャムの遺言で，彼の遺産により1597年にロンドンに創設された大学である．「商人資本と新科学の同盟を一身に体現した人物」*[3]と称されるグレシャムは，「悪貨が良貨を駆逐する」という所謂「グレシャムの法則」を語ったと伝えられるが，王立取引所を創設したことで知られるロンドンの大商人であった．

当時のイギリスの大学として有名であったオクスフォードとケンブリッジは，支配エリート養成のためのもので，古典教育を主とし，数学や自然科学は重視されていなかったし，まして技術などはまったく関心の外にあった．実際，イギリスのジョン・ディーが「大学には神学やヘブライ語やラテン語の学者は沢山いるが，〈計数と秤量と測定(number, weight and measure)〉に習熟した者はいない」と嘆いたのは1563年であった*[4]．「今日，算術，……，幾何学，および天文学は，〔オクスフォードとケンブリッジの〕どちらの大学でも軽視されている」という1587年の証言もある*[5]．オクスフォードに天文学と幾何学の講座が設けられたのは，1619年，ケンブリッジはもっと遅い．

そのようなオクスブリッジの教育は，国内的には産業資本が発展し振興ブルジョアジーが勢力を拡大し，対外的にはスペインの無敵艦隊を撃破し海外進出を開始した一六世紀末のイギリスにとって，必要とされるものではなくなっていた．それにたいしてグレシャム・カレッジは，大都市の商人や職人の子弟，そして遠洋航海に従事する船乗りたちのために，主要に数学や技術を重視する教育機関としてに創設されたのであった．

---

*1　Smith, *History of Mathematics*, Vol. 1, p. 391f.
*2　Gibson, 'Napier and the Invention of Logarithms' in *The Handbook of the Napier Tercentenary Exhibition* (1914), p. 10.
*3　Bernal『歴史における科学』鎮目恭夫訳(みすず書房，1967), p. 246.
*4　拙著『一六世紀文化革命 2』p. 522.
*5　Hill『イギリス革命の思想的起源』福田良子訳(岩波書店，1972), p. 526.

ブリッグスは，その新設グレシャム・カレッジの初代の幾何学教授であった．彼は1597年から1619年までグレシャム・カレッジのその職にあり，1619年にオクスフォードにようやく新設された幾何学の講座の教授に就任する．そして彼は，自身で航海技術や天文学に関連した書物を著しているように，その意味では実用数学に関心の深い数学者であり，ネイピアの対数に敏感に反応したのも，自然な成り行きであったと思われる．

ネイピアとブリッグスの最初の会見の様子は，いくつもの書物に記されているので，それらを参照していただこう[*6]．

そしてブリッグスは，1615年の夏と翌16年にエディンバラに旅して，直接ネイピアと話し合っている．17年にも三度目の会見を予定していたが，ネイピアの死によってそれは果たしえなかった．当時，ロンドンから見ればスコットランドははるかなる外国で，その旅行には馬と馬車で何日も要する，相当に困難な道程であったといわれる[*7]．その困難をおして毎年のようにエディンバラに出向くほどまでに，ブリッグスは対数に憑かれていたのであった．

2. ネイピア自身による改良の試み

ネイピアとブリッグスが，かくまでも熱心に話し合ったのは，ネイピア対数の改良についてであった．というのも，ネイピア対数には，実用上の問題としてつぎのふたつの大きな欠点，すなわち，1の対数が0でないため，掛け算や割り算にたいする計算が面倒になること，真数が10倍される(10で割られる)ときに引く(足す)数が，23025842というような複雑な数であること[*8]，の二点である．

ネイピアは1614年の時点では，『記述』第1巻第1章末尾に記していた：

> 実際には，その対数においてはじめに任意の正弦ないし量に0を割りあてることは自由である．しかし全正弦にたいして0を割りあてることはもっとも好都合であり，〔そうすれば〕すべての計算においてきわめてしばしば出会うことになる足し算や引き算が私たちにとってトラブルとなることは決してないであろう．

しかし，その後，ネイピアは考えを変えたようである．

ブリッグスの1624年の『対数算術』[*9]の序文には記されている：

> 私がロンドンでグレシャム・カレッジの聴講生にたいしてその〔ネイピアの『驚くべき対数規則』の〕理論を説明していたとき，0を(『驚くべき対数

*6 Cajori『初等数学史』(共立出版，1997)，p. 230，志賀浩二『数の大航海』(日本評論社，1999), p. 134f，E. Moar, *The Story of a Number*, Princeton U. P., p. 11f., J. L. Coolidge, *The Mathematics of Great Amateurs*, Oxford U. P., p. 77f. 他．

*7 福沢諭吉『西洋事情』(外編巻之二)には「蒸気車の未だ世に行はれざる以前は，ロンドンよりエジンボルフ〔エディンバラ〕まで旅行するに十四日を費やし」とある．

*8 第5章(5.21)(5.22)参照．

*9 H. Briggs, *Arithmetica Logarithmica*, University of Adelaide, http://www-history.ncs.st-andrews.ac.uk/に原文とIan Bruceによる全訳，および詳細な注釈あり．なお，これには頁数が打たれていないので，章番号のみを指定する．部分邦訳，志賀『数の大航海』p. 137にあり．

規則』のように)全正弦〔$x = R$〕の対数にとるのは維持すべきであるにしても，全正弦の1/10つまり5°44′21″の正弦〔$\sin(5°44'21'') = 0.099999933 \fallingdotseq 0.1$〕の対数を10000000000とするほうが，ずっと都合がよいと思いたった．

つまりブリッグスの最初のアイデアは

$$\mathrm{B}^{(1)}\ln R = 0, \qquad \mathrm{B}^{(1)}\ln(R/10) = 10^{10} \tag{9.1}$$

と表すことができる．そしてさらにネイピアと最初の会見(1615年夏)のときのことについて，語っている：

彼〔ネイピア〕は，〔対数を改良する必要があることについては〕何年か前からおなじ意見であり，改良したいと思っていた，と語った．…… 彼は，変更するとすれば，0が1の対数となり，10000000000が全正弦の対数となるようにすべきだという意見であった．それがもっとも使い易いものであることを，私は認めざるを得なかった．そんな次第で，私は，私がそれまで考えていたことを放棄し，彼の示唆にそって，その対数をどのように計算すればよいのかを真剣に考えはじめた．

つまり，ネイピアの改良のアイデアは

$$\mathrm{N}^{(1)}\ln 1 = 0, \qquad \mathrm{N}^{(1)}\ln R = 10^{10} \tag{9.2}$$

のように表される．この時点でのネイピアの構想は，対数関数$X = \mathrm{N}^{(1)}\ln x$を$x = R^{X/R}$の逆関数とすること，つまり$X = R\log_R x$，$R = 10^{10}$とすることにほかならない．関数$x = 10^X$の逆関数としての常用対数$X = \log_{10} x$に到達する一歩手前である．

そして，ネイピアの死後，ブリッグスの協力によって，ネイピアの遺稿から息子のロバート・ネイピアが編纂した『構成』の「いまひとつの，そこにおいては1の対数が0となるところの，そしてよりよい種類の対数の構成について」と題する「補遺」には，次のように記されている：

対数のさまざまな改良のうちでより優れたものは，1の対数を0とし，10分の1と10のいずれかの対数を10,000,000,000にとるものである[*10]．

これは事実上常用対数である．おそらく，このアイデアにネイピアはブリッグスとの会見の直後に到達したと思われる．しかし，その実行はブリッグスに委ねられた．

そしてネイピアの最晩年の書，1617年の『ラブドロギアエ』冒頭の「セトンへの献辞」には，おのれの運命を見通した研究上の遺言が記されている：

計算の実行は長たらしく困難な過程であり，それがあまりにも退屈なために，多くの人たちは算術の学習を敬遠している．私はつねに，私のもてるかぎりの能力と体力を駆使して，その過程を捗らせようと試みてきた．すぐる

＊10 *Constructio*, p. 38．英訳(第6章注2参照)，p. 48．3桁ごとのカンマによる数字の区切りは原文ママ．「より優れた」の原語はpraestantior．英訳ではmore important．原語にしたがった．

年月，私が私の対数規則を作成したのは，この目的のためであったが，そのため私は長年にわたって努力を重ねてきた．この仕事において，私は自然的数[*11]とそれら自然的数によって遂行されている困難な演算を排し，たんなる足し算，引き算，ないし2や3による割り算によっておなじ結果が得られる別の演算操作〔すなわち対数演算〕で置き換えた．現在，私は，はるかに優れた種類の対数(logarithmorum species multo praestantiorem)を見いだし，そして(神が私に生命と健康をもう少し授けてくださるならば)それ〔新しい対数〕を創りだし，そしてまた使用する方法を公表しようと決意した．しかし，私の健康のなさけない状態ゆえに，新しい〔対数〕表の実際の計算を，この種の事柄に精通している，そして主要に私の懇意にしている学識ある友人，ロンドンの幾何学の公の教授，ヘンリー・ブリッグス博士に委ねることにした．

常用対数は，そのアイデアを対数の発明者ネイピア自身に負い，ブリッグスはその実行を担ったと見るべきであろう．

3.　ブリッグスの対数理論

ブリッグスは，1617年に『1から1000までの対数(*Logarithmorum chilias prima*)』において15桁の対数表を公表している(図9.1)．はじめての常用対数表であり，しかも注目すべきことは，もはや正弦にたいする対数ではなく，図から明らかなように，自然数にたいする対数が与えられていることである．こうしてはじめて，対数は一般的な数値計算のための汎用的で使い易い手段を提供することになった．

ブリッグスがその対数表計算の基本理論と計算の実際を詳細に明らかにした『対数算術(*Arithmetica logarithmica*)』は1624年に公表された．それはたんなる対数表使用のマニュアルではなく，対数の一般論からはじめ，常用対数へと議論を特化させ，常用対数の計算法にまで及ぶ，堂々たる教科書である．ただし，その当時の数学書の通常のあり方に従い，数式はなく，もっぱら言葉による記述と数表と例題による説明でもって議論が進められている．それだけでは読みづらいので，数式を使用した一般的な議論を補完して，とくに常用対数へといたるその議論を，説明することにしよう．

第1章の冒頭に，対数の一般的な定義が与えられている：

対数とは，比例する数に随伴し，等間隔を維持する数である．

ここにある「比例する数」とは，もっと丁寧には「連続的に比例する数」とあり，$1, 2, 4, 8, 16, 64, 128, \cdots$ のような，1にはじまる幾何数列(等比数列)を指す．そしてその数列に対応する算術数列(等差数列)の各項が，その比例する個々の数(真数)にたいする対数であるとされる．ここで，ブリッグスは例として，

＊11　ネイピアの言う「自然的数(naturaris numerus)」は「対数」にたいする「真数」を指す(第6章注2)が，ここでは通常の実数のことと思ってよい．

2

	Logarithmi.		Logarithmi.
1	00000,00000,00000	34	15314,78917,04226
2	03010,29995,66398	35	15440,68044,35028
3	04771,21254,71966	36	15563,02500,76729
4	06020,59991,32796	37	15682,01724,06700
5	06989,70004,33602	38	15797,83596,61681
6	07781,51250,38364	39	15910,64607,02650
7	08450,98040,01426	40	16020,59991,32796
8	09030,89986,99194	41	16127,83856,71974
9	09542,42509,43932	2	16232,49290,39790
10	10000,00000,00000	43	16334,68455,57959
11	10413,92685,15823	4	16434,52676,48619
12	10791,81246,04762	45	16532,12513,77534
13	11139,43352,30684	6	16627,57831,68157
14	11461,28035,67824	47	16720,97857,93572
15	11760,91259,05568	8	16812,41237,37559
16	12041,19982,65592	49	16901,96080,02851
17	12304,48921,37827	50	16989,70004,33602
18	12552,72505,10331	51	17075,70176,09794
19	12787,53600,95283	2	17160,03343,63480
20	13010,29995,66398	53	17242,75869,60079
21	13222,19294,73392	4	17323,93759,82297
22	13424,22680,82221	55	17403,62689,49424
23	13617,27836,01759	6	17481,88027,00620
24	13802,11241,71161	57	17558,74855,67249
25	13979,40008,67204	8	17634,27993,56294
26	14149,73347,97082	59	17708,52011,64214
27	14313,63764,15899	60	17781,51250,38364
28	14471,58031,34222	61	17853,29835,01077
29	14623,97997,89896	2	17923,91689,49825
30	14771,21254,71966	63	17993,40549,45358
31	14913,61693,83427	4	18061,79973,98389
32	15051,49978,31991	65	18129,13356,64286
33	15185,13939,87789	6	18195,43935,54187
34	15314,78917,04226	67	18260,74802,70083

図 9.1　『1 から 1000 までの対数』(1617)の(常用)対数表の 1 頁
表の対数は 15 桁の整数で，頭の 1 桁と 2 桁目を分つ縦の直線は整数部と小数を分つ線ではなく，頭の 1 桁が「指標」であることを示すためのもの．

連続比例数	1	2	4	8	16	32	64	128	…
対数A	1	2	3	4	5	6	7	8	…
対数B	5	6	7	8	9	10	11	12	…
対数C	5	8	11	14	17	20	23	26	…
対数D	35	32	29	26	23	20	17	14	…

を挙げている．つまり一般的に表現すれば，r を1以外の正の数として

$$\begin{array}{cccccccccc} 1, & r, & r^2, & r^3, & r^4, & r^5, & \cdots, & r^n, & \cdots \\ A, & A+B, & A+2B, & A+3B & A+4B, & A+5B, & \cdots, & A+nB, & \cdots \end{array}$$

と対応づけたときに，$A+nB$ を r^n の「対数」と呼ぶ．

この対数の一般的な定義より，ひとつの幾何数列が与えられれば，その対数において，異なるふたつの数にたいするふたつの対数の差はその間隔に比例し，ふたつの対数が与えられれば，他のすべての対数が得られることがわかる．すなわち，r^n, r^m の対数 $X_n = A+nB, X_m = A+mB$ が与えられたとき，r^k の対数は

$$X_k = \frac{(m-k)X_n-(n-k)X_m}{m-n} \tag{9.3}$$

で与えられる．

そして第2章ではじめて，1の対数が0と定められる．

> この方式では，同一の数に幾つかの種類の対数を割りあてることができるが，しかし，ひとつの形式，すなわち1の対数に0を割りあてる形式のものが，もっとも有用である．…… この規定により，きわめて重要な三つの公理が必然的に導かれる．〔山本注．以下でブリッグスは，この仮定から導かれる命題を「公理(axiomata)」と記しているが，それは通常使われている「公理」の意味ではなく，むしろ「定理」を意味している，しかし，以下では「公理」と訳す．〕

この場合，(9.3)で $n=0$ にたいして $X_0=0$，したがって

$$X_k = \frac{k}{m}X_m = kX_1 \tag{9.4}$$

となり，「公理1」は

> すべての数の対数は，すべての算術家が1から始まる連続的比例数に随伴させるのを常とし，その比例数が1からどれだけ離れているのかを指し示すところの「指数(indice，英 index)」と呼ばれる数であるのか，それとも，この通常の指数に比例する数であるのかの，いずれかである．

ここでも具体例で示されているが，そのブリッグスの表を一般的に書き直すと

連続比例数	1	r	r^2	r^3	r^4	r^5	r^6	r^7	…
I	0	1	2	3	4	5	6	7	…
A	0	a	$2a$	$3a$	$4a$	$5a$	$6a$	$7a$	…
B	0	b	$2b$	$3b$	$4b$	$5b$	$6b$	$7b$	…
C	0	c	$2c$	$3c$	$4c$	$5c$	$6c$	$7c$	…

において，I(つまり (9.4) の k)が指数，そしてI, A, B, Cのそれぞれはすべて対数である．そのすべてにおいて，数 $1=r^0$ の対数が0であることに注意．

ここから「公理 2」

> 積の対数は，その因数たちの対数〔の和〕に等しい．

が得られる．つまり $r^k \times r^l = r^{k+l}$ の対数にたいして

$$X_{k+l} = \frac{k+l}{m} X_m = \frac{k}{m} X_m + \frac{l}{m} X_m = X_k + X_l.$$

一般的に書けば(本書でブリッグスの導入した対数を Blog と記して)

$$\mathrm{Blog}(xyz\cdots) = \mathrm{Blog}\, x + \mathrm{Blog}\, y + \mathrm{Blog}\, z + \cdots. \tag{9.5}$$

これはもちろん，1 の対数を 0 と選んだことの直接的な結果である．そしてこれより $\mathrm{Blog}(a^n) = \mathrm{Blog}(a \times a \times a \times \cdots \times a) = n\,\mathrm{Blog}\, a$ が得られることは，ほとんど自明であろう．

「公理 3」は

> 被除数の対数は，除数の対数と商の対数の和に等しい．

これも一般的に書けば

$$z = x \div y \quad \text{であれば} \quad \mathrm{Blog}\, x = \mathrm{Blog}\, y + \mathrm{Blog}\, z. \tag{9.6}$$

むしろ $\mathrm{Blog}\, z = \mathrm{Blog}\, x - \mathrm{Blog}\, y$ と書くのが自然と思われるが，あえてこのように表現した理由は，後から判明する．

そして第 3 章では，上記の表の I, A, B, C 等の何通りにも考えられる対数のうちで，どれがもっとも好都合であるのかが議論される．すなわち

> 1 に対する対数を〔0 と〕決定したうえで，他の数〔の対数〕を求めるにあたって，もっとも頻繁に使用され，そしてたしかにもっとも必要とされるのは，〔1 に〕もっとも近いもの〔r〕であり，その数〔r〕にたいしては，簡単に記憶され，必要なときに書きやすくて便利な対数を対応させるのがよい．そのとき，すべての数のうちで，10 をおいては，この課題により適合するものはないと思われる．そこで，10 には対数 10^{14} をあてがうことにしよう．
>
> そんな次第で，特別の数を 1 および 10 とし，それらの対数を 0 および 10^{14} としよう．我々は最初にこの四つの数を設定するが，それは必然的なものではなく，選択によるものであり，また，かの算術家の作業の正しさを考慮してではなく，使用の便利を考慮したものである．

これは $r = 10$ として，前の表の A の行で $a = 10^{14}$ と選んだことに他ならない．引用にあたっては，便宜のために 10^{14} と記したが，原文ではもちろん 1, 00000, 00000, 0000 である(カンマによる数の区切りは原文ママ)．このような表現は，三角関数の場合でもそうであったように，小数を使わずに有効数字の桁数を増やすためのもので，実質的には，$\log 10 = 1$ としたことに相当する．

結局のところ，ブリッグスの対数は，実質的には 10 を底とする常用対数で，現代的に表現すれば

$$\mathrm{Blog}\, x = 10^{14} \log x \tag{9.7}$$

に他ならない．

ネイピア対数との関係は，ネイピア対数 $\mathrm{Nln}\, x$ を第 6 章の (6.3) 式に記した

$\mathrm{Mln}\,x = 10^7 \ln(10^7/x)$ と同じものと見なせば

$$\mathrm{Blog}\,x = 10^{14}\frac{\mathrm{Nln}(10^7/x)}{\mathrm{Nln}\,10^6} = 10^{14}\frac{\mathrm{Nln}(10^7/x)}{23025850}. \tag{9.8}$$

以下では，特別な場合をのぞいて，10^{14} のファクターを無視して，ブリッグスの対数を通常の常用対数と見なして，たんに $\log x$ のように表す．

実際の対数の計算法を別にすれば，これによって常用対数導入の議論は尽くされている．

4. ブリッグスによる対数計算の基本

第 6 章では，$\log 1 = 0$，$\log 10 = 1$ と選択したときの，つまり現在言う常用対数を選んだときの，対数計算（対数の求め方）の実際が示されている．この場合，$\log 10^n = n\log 10 = n$ に注意．

この対数にたいしては，「公理 2」があるので，基本的には素数にたいする対数がわかればよい．そこでいま，q を対数を求めるべき素数とする．はじめに

$$q^k = 10^n(1+\varepsilon), \qquad \varepsilon \ll 1 \tag{9.9}$$

となる整数 k, n を見いだす．このとき，第 2 章の「公理」より $\log(q^k) = k\log q$ ゆえ

$$\log q = \frac{1}{k}\log(q^k) = \frac{1}{k}\log\{10^n(1+\varepsilon)\} = \frac{1}{k}\{n+\log(1+\varepsilon)\}. \tag{9.10}$$

したがって問題は，1 に非常に近い数 $1+\varepsilon$ $(\varepsilon \ll 1)$ の対数を求めることに帰着する．

そのための基本的な手法は，ブリッグスが「連続的〔幾何〕平均」と呼ぶ演算にもとづく．

一般に，$x : y = y : z$ という比例関係があるとき，$y = \sqrt{xz} = (xz)^{1/2}$ と表されるが，この y を x と z の「幾何平均」と呼ぶ．ブリッグスは，10 と 1 にたいする幾何平均を作り，さらにその結果と 1 との幾何平均を作り，という操作を繰り返す．そしてこのことを「1 と 10 の間の連続的平均」と呼んでいる．すなわち，

$$(\cdots(((10^{1/2})^{1/2})^{1/2})\cdots)^{1/2} = 10^{1/2^i}, \qquad i = 1, 2, 3, \cdots \tag{9.11}$$

の操作である．こうすれば，10 から始まるこの数列は，いくらでも 1 に接近する．いま $10^{1/2^i} = m_i$ と記すと，$10 = m_0$ と $1 = m_\infty$ の間に $m_1, m_2, m_3, \cdots$ の数列を置いたことになるが，この場合，$m_i = \sqrt{m_{i-1}} = {m_{i-1}}^{1/2}$ で，それに対応する対数は「第 2 章の公理 2 によって，平方根の対数は対数の半分であることは明らか」であるゆえ

$$\log m_i = \frac{1}{2}\log(m_{i-1}) = \frac{1}{2^2}\log(m_{i-2}) = \cdots = \frac{1}{2^i}\log 10 = \frac{1}{2^i}. \tag{9.12}$$

これを実際に計算した結果，つまり 10 と 1 にたいする「連続的平均」$10^{1/2^i}$ とその対数すなわち $\log(10^{1/2^i}) = 1/2^i$ のそれぞれにたいする $i = 1$ から $i = 54$ までの表が『対数算術』に載せられているので，英訳からその表の一部（初めと終わりの部分）を載せておこう（カンマは原典に倣った）．この表を求めること自体が大変な計算であったと思われるが，一度これを計算しておくと，そうして得ら

れた数列がその後の計算のベースになる．

$m_0 = 10,$
$m_1 = 10^{1/2} = 3.1622, 77660, 16837, 93319, 98893, 54\cdots\cdots,$
$m_2 = 10^{1/4} = 1.7782, 79410, 03892, 28011, 97304, 13\cdots\cdots,$
$m_3 = 10^{1/8} = 1.3335, 21432, 16332, 40256, 65389, 308\cdots\cdots,$
……
……
$m_{52} = 10^{1/2^{52}} = 1.0000, 00000, 00000, 05112, 76597, 28012, 947 = 1+\varepsilon_{52},$
$m_{53} = 10^{1/2^{53}} = 1.0000, 00000, 00000, 02556, 38298, 64006, 470 = 1+\varepsilon_{53},$
$m_{54} = 10^{1/2^{54}} = 1.0000, 00000, 00000, 01278, 19149, 32003, 235 = 1+\varepsilon_{54}.$

これにたいする対数は，$\log(m_0) = 1$, $\log(m_1) = 1/2$, $\log(m_2) = 1/4$, $\log(m_3) = 1/8$ と始まり，$i = 52, 53, 54$ にたいして

$\log(m_{52}) = 1/2^{52} = 2.2204, 46949, 25031, 30808, 47263\times 10^{-16} = L_{52},$
$\log(m_{53}) = 1/2^{53} = 1.1102, 23024, 62515, 65404, 23631\times 10^{-16} = L_{53},$
$\log(m_{54}) = 1/2^{54} = 0.5551, 11512, 31257, 82702, 11815\times 10^{-16} = L_{54}.$

ここで $L_i = \log m_i$ にたいして $L_{52} : L_{53} : L_{54} = 4:2:1$ が厳密に成り立つことは当然であるが，同時に，少なくともこの桁数の範囲では $\varepsilon_{52} : \varepsilon_{53} : \varepsilon_{54} = 4:2:1$ であることが上の計算結果から直接見て取ることができる（ε_{53} と ε_{54} では，有効数字 17 桁の範囲でその比は正確に 2：1，ε_{52} と ε_{53} では，最後の桁で僅かに違っているが，有効数字 16 桁の範囲で 2：1 となっている）．すなわち，

〔連続的比例の列 m_i において，i が 53 を越えたところでは〕1 のあとに 15 個の 0 が続く所に置かれる重要な部分〔$\varepsilon_i = m_i - 1$〕は，そのひとつ前のものの半分である．…… 対数そのものも，それに随伴する数と同様の割合で減少し続けていることがわかる．それゆえこの領域にまで減少すると，1 の後に 15 個の 0 が並べられ，その付け加えられた 0 の後に残された重要な数〔ε_i〕が，比例の黄金律にのっとって，正確な対数，さもなければ正確な対数に近いものを我々に与えてくれる．

わかりやすく数式で表現すれば，i が十分大きくなり，$m_i = 1+\varepsilon_i$ において ε_i が十分小さくなれば，事実上

$$1+\varepsilon_i = \sqrt{1+\varepsilon_{i-1}} = 1+\frac{1}{2}\varepsilon_{i-1} \qquad \text{i.e.} \quad \varepsilon_i = \frac{1}{2}\varepsilon_{i-1} \tag{9.13}$$

が成り立ち，他方で，定義より厳密に $L_i = \frac{1}{2}L_{i-1}$ ゆえ，$L_i \propto \varepsilon_i$ とすることができる，ということである．

それゆえこの領域では，この有効数字の範囲で $\log x$ が $x-1$ に比例していると考えてよい．すなわち，$x = 1+\varepsilon$ としたとき，ε が 10^{-16} のオーダー（程度）以下の数であれば

$$\frac{\log x - L_{54}}{L_{53}-L_{54}} = \frac{\varepsilon - \varepsilon_{54}}{\varepsilon_{53}-\varepsilon_{54}}.$$

ここで，$L_{53} = 2L_{54}$, $\varepsilon_{53} = 2\varepsilon_{54}$ であることを考慮すれば

$$\log x = \log(1+\varepsilon) = L_{54}\times\frac{\varepsilon}{\varepsilon_{54}} = \frac{\varepsilon}{2^{54}(10^{1/2^{54}}-1)} \tag{9.14}$$

として，対数が求められる．一般的に書き表せば，十分大きい数 $N=2^n$ と $|\varepsilon|\ll 1$ にたいして

$$\log x=\log(1+\varepsilon)=\frac{\varepsilon}{N(10^{1/N}-1)}. \tag{9.15}$$

ひとつ前の式 (9.14) で，L_{54} と ε_{54} に数値を代入して表現すれば，

$$\log(1+\varepsilon)=\frac{0.5551115123125782\cdots}{1.2781914932003235\cdots}\varepsilon=0.434294481903251804\varepsilon. \tag{9.16}$$

この (9.16) 式がブリッグスの言う「黄金律」である．したがって，たとえば

$$\log 1.000{,}000{,}000{,}000{,}000{,}01=0.434294481903251804\times 10^{-17}.$$

後智恵で解説すれば，十分に小さい ε にたいする自然対数の近似 $\ln(1+\varepsilon)\fallingdotseq\varepsilon+O(\varepsilon^2)$，および常用対数と自然対数の関係より

$$\log(1+\varepsilon)=\log e\times\ln(1+\varepsilon)=\log e\times(\varepsilon+O(\varepsilon^2)) \tag{9.17}$$

が得られるが，ブリッグスは数の表れ方のパターンから，視察によってこの関係を読み取り，さらに

$$\log e=\lim_{N\to\infty}\frac{1}{N(10^{1/N}-1)}\approx\frac{1}{2^{54}(10^{1/2^{54}}-1)}=0.434294481903251804$$

と計算したことになる．厳密には

$$1+\varepsilon_i=\sqrt{1+\varepsilon_{i-1}}=1+\frac{1}{2}\varepsilon_{i-1}-\frac{1}{8}\varepsilon_{i-1}^2+O(\varepsilon_{i-1}^3), \tag{9.18}$$

であり，同時に

$$\ln(1+\varepsilon)=\varepsilon-\frac{1}{2}\varepsilon^2+O(\varepsilon^3) \tag{9.19}$$

ゆえ，上記のブリッグスの計算は，微小量 ε の 2 乗以下の数を無視したことになる．いまの場合，ε が 10^{-17} のオーダーの数ゆえ，10^{-34} のオーダーが無視されたわけで，結局，ブリッグスの得た対数の値は，小数点以下有効数字 32 桁ないし 33 桁くらいまで正しいことがわかる．

5. ブリッグスによる素数の対数計算

そして，第 7 章では，第 6 章のこの結果をもとにして 2 と 3 の対数が，実際に求められている．

はじめに log 2 を求める．

$$2^{10}=1024=1.024\times 10^3$$
$$\therefore\quad \log 2=(3+\log 1.024)\div 10 \tag{9.20}$$

ゆえ，log 1.024 がわかればよい．そこで 1.024 の平方根をとり，さらにその平方根を求め，として順にやってゆくと

$$x=1.024^{1/2^{47}}=1+1.685,160,570,539,949,77\times 10^{-17}=1+\varepsilon_x \tag{9.21}$$

が得られ，この x は上記の黄金律 (9.16) が適用できる領域にあることがわかる．

したがってこの x にたいして，

$$\begin{aligned}\log x&=\log(1+\varepsilon_x)\\&=0.434294481903251804\times 1.6851605705394977\times 10^{-16}\\&=7.318,559,369,062,393,68\times 10^{-17},\end{aligned}$$

これより，$2^{47} = 14073488355328$ を使って

$$\log 1.024 = 2^{47} \log x = 0.0102, 999, 566, 398, 119, 526, 527, 744$$

が得られ，(9.20) 式に代入して，

$$\log 2 = 0.30102999566398119526527744. \tag{9.22}$$

したがって，

$$\log 20 = 1.30102999566398119526527744,$$
$$\log 200 = 2.30102999566398119526527744,$$
$$\cdots\cdots\cdots\cdots.$$

つぎの素数 log 3 も，まったく同様の手順で求められている．すなわち

$$6^9 = 10077696 = 1.0077696 \times 10^7$$
$$\therefore \quad \log 6 = (7 + \log 1.0077696) \div 9. \tag{9.23}$$

ここで，

$$y = (1.0077696)^{1/2^{46}} = 1 + 1.0998593458815571866 \times 10^{-16}$$
$$= 1 + \varepsilon_y.$$

黄金率をもちいて

$$\log y = \log(1 + \varepsilon_y) = 0.477662844786080304 \times 10^{-17},$$
$$\log 1.0077696 = 2^{46} \times \log y = 0.00336125345279269.$$

(9.23) 式に代入して

$$\log 6 = 0.77815125038364363, \tag{9.24}$$
$$\therefore \quad \log 3 = \log 6 - \log 2 = 0.47712125471966244. \tag{9.25}$$

もちろん以上の結果より，

$$\log 4 = \log 2^2 = 2 \log 2,$$
$$\log 8 = \log 2^3 = 3 \log 2,$$
$$\log 5 = \log(10 \div 2) = 1 - \log 2,$$
$$\log 9 = \log(3^3) = 3 \log 3. \tag{9.26}$$

として，素数以外の数の対数も求まる．

そしてつぎに log 7，という順に素数の対数を求めてゆく．

第 9 章の 7 の対数の計算は，その後の素数の対数の求め方の典型を与えているので，そこまで見ておこう．

$7^4 = (7^4 - 1) + 1 = (7^2 + 1)(7^2 - 1) + 1 = 50 \times 48 + 1 = 2400 + 1$ ゆえ，

$$\frac{7^4}{50 \times 48} = 1 + \frac{1}{2400} = 1.00041666666666666667,$$
$$(1.00041666666666666667)^{1/2^{44}} = 1 + 2.36798249043336405 \times 10^{-17}.$$

ここで黄金律 (9.16) を使って

$$\log\left\{\left(\frac{7^4}{50 \times 48}\right)^{1/2^{44}}\right\} = 1.028401728838729715 \times 10^{-17}$$
$$\therefore \quad \log\left(\frac{7^4}{50 \times 48}\right) = 2^{44} \times 1.028401728838729715 \times 10^{-17}$$
$$= 0.00018091834542130,$$

他方

$$\log(50 \times 48) = \log(100 \times 3 \times 2^3) = 2 + \log 3 + 3 \log 2$$
$$= 3.38021124171160601,$$

したがって，「公理 3」より

$$\log(7^4) = \log\left(\frac{7^4}{50\times48}\right)+\log(50\times48) = 3.38039216005702731.$$

この書き方が，先に見た「公理 3」の特異な表現の理由と考えられる．以上より

$$\log 7 = \frac{1}{4}\log 7^4 = 0.84509804001425682. \tag{9.27}$$

この 7 の対数を求める処方は，もっと一般的に，つぎのように表される．

対数を求めたい素数 p，およびそれ以下のすでにその対数のわかっている数のみを因数として含む三つの十分に大きい数 a, b, c で，$a^2 = bc+1$ の関係をみたすものを選ぶ．このとき $a^2/bc = 1+1/bc$ で，この右辺にたいする対数を上記の方法で求める．それらは

$$2\log a = \log b+\log c+\log(1+1/bc)$$

の関係をみたし，これより a, b, c のどれかの因子に含まれている素数 p の対数が求まる．

例として，素数 11 と 17 の場合を示しておこう(英訳にある 13 の場合の数値は間違っているようである)：

$$11:\quad 11^2\times9^2 = 9801,\qquad 100\times2\times7^2 = 9800,$$

$$\frac{9801}{9800} = 1.00010204081632655306,$$

$$17:\quad 7^4\times3^4 = 194481,\qquad 17\times13\times11\times5\times2^4 = 194480,$$

$$\frac{194481}{194480} = 1.00000514191690662278 38.$$

こうして，ブリッグスの対数表は作られた．

この計算にたいする英訳者のコメントを引いておこう．

> 対数を求めるブリッグスの基本的手法は，きわめて長たらしくはあるが，完全に健全な数値計算のアルゴリズムである．それはブリッグスが彼の対数表の作成に着手した原動力である．

こうして，ブリッグスは常用対数を造り上げ，1617 年に 1 から 1000 までの対数表(図 9.1)を公表した．そしてさらに，1 から 20000 までと 90000 から 100000 までの 15 桁の常用対数表を作成し，1624 年に出版した『対数算術』に付することになる．欠落していた 20000 から 90000 までの部分はロンドンで出版業を営んでいたオランダ人 Adriaan Vlacq により計算され，1628 年に公表された．それらは 1633 年にロンドンで『イギリス三角法(*Trigonometrica Britanica*)』の標題で出版され，常用対数形成は完成を見ることになる．

*　　*　　*

対数の発見は，もともと，解析学誕生以前に，天体観測のためという実用性からの刺戟に促されて構想されたもので，その後の，他の数学理論の諸発見のような天才的はひらめきや，人なみはずれた論理的推理力のみによるものではなく，何年にもわたるおそるべき労力を要した膨大な数値計算の遂行によって成し遂げられたものであり，その意味で，数学史における特異な位置を占めている．

対数理論そのものは，のちにレオンハルト・オイラーが，解析学の視点から指数関数の逆関数として対数関数を定義することにより，数学的に新しい分野を形成することになるが，対数の発見の物語は，ブリッグスによる常用対数の形成でひとまず幕を閉じると考えてよい．

ちなみに，この物語は小数の発見から始まったが，そのストーリーもこの時点で一応の完結を迎える．

ブリッグスの『対数算術』第5章では，$\log 1 = 0$，$10^{14} \log 10 = 10^{14}$ とするこの対数にたいして，「指標(characteristica 英 characteristic)」の概念が導入されている．すなわち1以上で10未満の数にたいする対数は0以上で 10^{14} 未満，つまり15桁の数で表して頭が0で，その「指標」を0とし，10以上で100未満の数にたいする対数は15桁の数の頭が1で，その「指標」を1とし，100以上で1000未満の数にたいする対数は15桁の数の頭が2で，その「指標」を2とする．以下，同様で，そのとき1以上10未満の数の対数がわかれば，その10倍，100倍，……の数の対数は，「指標」の0を1, 2, …に変えるだけでよい(図9.1参照)．要するに $\log 10 = 1$ の常用対数を整数部と小数部に分離し，その整数部を「指標」と名づけたことになる．その小数部が「仮数」と名づけられるのは後のことであるが，整数部だけを切り離して「指標」と概念規定することは，整数部と小数部の分離記号をともなった十進小数にたいして特別な意味を与えることになる．

この点については，数学史家ストルイクのコメントを引いておこう：

> いまや登場した10にもとづく偉大なる対数表は，点(ドット)ないしピリオドをともなった十進小数を当然のこととして受け入れている．このような，そこにおいては43，430，4300のような数の小数部が同一となる対数の表にとっては，小数の十進表記こそが唯一自然である．ヘンリー・ブリッグスがその1624年の対数表に，そしてアドリアーン・フラクがその1627年の対数表に，この〔十進小数の〕表記法を一貫して使用し，そこから分離記号としての点ないしカンマをともなった十進小数が，すくなくとも対数による計算においては，一般に受け容れられていったのである．[*12]

Cajoriの『初等数学史』には「近代における計算の奇跡的な力は，三つの発明に負っている．インド・アラビア数字(Arabic Notation)，十進小数(Decimal fraction)，そして対数(Logarithm)がこれである」と記されている[*13]．そしてそこから，近代解析学が登場してくる．実際，シモン・ステヴィンによる小数の発見と，数の連続体の直感的把握と，その数直線による表現，そしてその数直線上の点の運動表象にもとづくネイピアの対数の導入と，十進小数の普及という，この一連の発展こそが，17世紀後半の解析学勃興の基礎を形成したのである．

(やまもと・よしたか)

＊12　Struik, 'Simon Stevin and the Decimal Fractions,' *The European Mathematical Awakening*, pp. 96-100．該当箇所はp. 99.

＊13　Cajori，前掲書，p. 221．引用は英語原典より．

遠山啓『数学入門』を読む――［5］平行線の公理と長さのかけ算

宮永 望

ユークリッド『原論』は世界の歴史で『聖書』のつぎに読まれた書物と言われていますが，その『原論』の中で最も有名なのが「平行線の公理」でしょう．「平行線の公理」から「三角形の内角和 ＝180°」が証明できるとか，「平行線の公理」を証明しようとする紆余曲折から「非ユークリッド幾何」が誕生したとかいう話題を，いま本稿をお読みのかたの多くがご存知かと思います．今回はこれらの話題ついて『数学入門』を参考にしながら分析してみました(5.2，5.3 節)．

これらの話題は数学の入門書・啓蒙書では定番ですが，既存の書物でこれらの話題を学んでみても，私は充分には納得できませんでした．どこかで誤魔化されているように感じたのです．そこで，どなたも書いてくれないのなら私が，という心意気で執筆に臨みました．高校生・大学生のころの自分を想定読者として書いた部分が大半になりましたが，若かりし日の私のような読者が少なからず存在すると信じています．

今回は平行線という概念の存在意義についての考察もおこないました(5.4，5.5 節)．私見では，その存在意義は「平行線によって線分の長さのかけ算が定義できる」というところにあるのですが，皆さんのご意見はいかがでしょうか．

連載第 1 回に「デカルトのかけ算」で「かけ算の交換法則」が視覚化できると書きました．法則そのものの視覚化と法則の証明の視覚化が別物だということは第 1 回の時点で認識できていましたが，じつは今回の執筆時にはじめてその証明を知りました．「パップスの定理」によって証明できるのですが，今回はその証明についても記しました(5.4 節)．「デカルトのかけ算」は『数学入門』には出てこないのですが，それと似た「八百屋の計算術」が出てきます．今回は「八百屋の計算術」と「かけ算の交換法則」の関係についても論じました(5.5 節)．

5.1 節　公理

古代ギリシャの数学者ユークリッドが『原論』という幾何学の教科書を著した(全 13 巻，前 300 年頃)．『原論』の理論構成のスタイルはヨーロッパの文明に大きな影響を及ぼしたが，その特徴は，理論展開に先だって公理と呼ばれる自明な事実をはっきり明示することであった．

『原論』で公理として挙げられているのは，

《2 点を通る直線は必ずあり，しかも 1 本しかない》(文献 [5.0] 上巻 115 頁)

や

《二つの直線が平行であるとき，第三の直線が交わってできる同位角は等しい》(文献 [5.0] 上巻 138 頁)

などの命題である．正確には後者の命題は『原論』の公理そのものではないが，『原論』のある公理(後述の公理 5.2.10)と同値な命題である．『原論』のその公理やそれと同値ないくつかの命題は平行線の公理と呼ばれているが，後者の命題は平行線の公理の一つである．

『原論』には 500 個近い定理が記されているが，それらはすべて数個の公理から証明されている．理論展開のはじめに根拠を明示する，そして証明を積み重ねることで理論を深めていく，という『原論』のスタイルが生まれた背景について，遠山は以下のような見解を述べている．

●引用 5.1.1 (文献 [5.0] 上巻 116 頁)

《古代文明をつくり出したエジプト人も，バビロニア人も，インド人も，中国人も，すぐれたかずかずの発見をしたが，ギリシャ人のようにわかり切った明白な事実，つまり公理から出発することはしなかった．

このように何かをのべるまえに，その根拠をはっきり明示しておくことは，自分一人の世界にとじこもっている孤独の思索者には必要のないことである．根拠を明示することは独語の世界ではなく他者の存在を予想する対話の世界ではじめて必要になる．２人以上の人が討論する対話の世界では，共通の原理がまず示されていなければ討論にならないが，幾何学ではその共通の原理に当るのが公理なのである．

『原論』を生み出したギリシャは自由な討論や論争のおこなわれる社会であった．

（中略）

そのような社会から，まず公理を明示することから始める『原論』が生まれたことは決して偶然ではない．》

現代の私たちの社会は，育ってきた環境が違う者どうしが共生せねばならない社会であり，価値観の多様化・相対化が避けられない社会だ．古代ギリシャの比ではないはずだ．そんな社会では，価値観を共有できないことに絶望しがちになる．他者と共有可能な事実や価値観をさぐりながらコミュニケーションを重ねてゆくという公理主義のスキルこそが，現代社会に必要不可欠な「議論の作法」ではないだろうか．幾何学の論証の教育を「証明のお作法」の強要・強制に貶めてはいけないだろう．

『原論』の公理についての以下のような説を何度か見聞きしたことがある．他者との交流で共通理解が得られたから，共有できた自明な事実を公理として宣言したというよりは，他者との交流で共通理解が得られなかったからこそ，これこれの事柄にはツッコミを入れないように！という約束事・契約事項を公理として要請した，という説だ．たとえば，図形の運動や無限分割を認めないソフィストへのお願いとして，公理を設定したというわけである．

私はこの説から現代社会における公理主義の重要性を読み解きたくなる．価値観を他者と共有できないときにこそ，公理主義のスピリットが大切なのではないだろうか．

5.２節　平行線の定義と平行線の公理

本節では前節冒頭の二つの公理を整理する．まず，第一の公理を前半と後半に分割する（公理 5.2.1，5.2.2）．そして，平行線の定義に注意をうながし（定義 5.2.4），平行線の公理の一つである第二の公理に言及する（公理 5.2.8）．

また，第二の公理と同値な命題をいくつか紹介する（公理 5.2.9）．平行線の公理は次節で三角形の内角和の定理を証明する際に重要になる．

●**公理 5. 2. 1**（前節の第一の公理の前半部分）

任意の点 C, C' $(C \neq C')$ に対して，

l が点 C, C' を通る

となるような直線 l が存在する．

●**公理 5. 2. 2**（前節の第一の公理の後半部分）

任意の点 C, C' $(C \neq C')$，直線 l, l' に対して，

「l が C, C' を通る」

かつ「l' が C, C' を通る」

$\Longrightarrow l = l'$

となる．

幾何学では「異なる二点 C, C' を通る直線」を「直線 CC'」とネーミングするが，このネーミングは公理 5.2.1 と公理 5.2.2 の両方に依拠している．公理 5.2.2 は対偶ヴァージョンも頻繁に使われる．つぎの公理が公理 5.2.2 の対偶になっていることを確認していただきたい．

●**公理 5. 2. 3**（公理 5.2.2 の対偶）

任意の直線 l, l' $(l \neq l')$，点 C, C' に対して，

「C を l, l' が通る」

かつ「C' を l, l' が通る」

$\Longrightarrow C = C'$

となる．

ユークリッド幾何（ユークリッド『原論』の平面幾何）では「異なる二直線 l, l' の交点」の存在は一般には保証されない．しかし，何かの理由により交点の存在が保証された場合には，その交点に「点 P」などとネーミングすることが許される，ということを保証してくれるのが公理 5.2.3

である．

ところで，公理5.2.2と公理5.2.3の双対性が興味をひかないだろうか．この双対性は「射影幾何」の「点と直線の双対性」と関連している．

●定義 5. 2. 4（平行線の定義）

異なる二直線 l, m が平行であるとは，

l, m が交わらない（共有点をもたない）

ということである．

この定義は『原論』や『数学入門』での定義であり現代数学での標準的な定義である．定義が

（l, m と共有点をもつような）ある直線 n に対して l, m の錯角が等しい

や

（l, m と共有点をもつような）任意の直線 n に対して l, m の錯角が等しい

でないことに注意したい．ユークリッドが平行線を上記のように定義した理由は定義の有用性にある，と私は想像しているが，ユークリッドのこの定義に対して，遠山は以下のように述べている．

●引用 5. 2. 5（文献［5.0］上巻137頁）

《二つの直線が交わらないことを直接たしかめることは不可能である．なぜなら2直線を延長して1メートルほどしても交わらないとは断定できないからである．1キロメートルさきで交わるかも知れないからである．1キロメートルさきまで延長して交わらなくても100キロメートルさきで交わるかも知れず，どこまで延長しても結論は下せないはずである．

それではこの否定的な定義を何とか肯定的な定義にかえ，平行であるかどうかを簡単にたしかめる方法はないだろうか．》

二直線の交点の存在の証明は，交点の具体例が提示できれば実行可能である．しかし非存在の証明を実行する（いわゆる悪魔の証明をおこなう）ためには，背理法によらざるをえないだろう．

『原論』は，二直線の交点の存在が

第三の直線に対する錯覚が等しい

（$\Longleftrightarrow$ 第三の直線に対する同位角が等しい）

という条件により保証されることを論じている．定理としてまとめておこう．

●定理 5. 2. 6（平行であるための十分条件）

どんな直線 $l, m\,(l \neq m)$ に対しても，

（l, m と共有点をもつような）ある直線 n に対して l, m の錯角が等しい

$\Longleftrightarrow$ l, m が共有点をもたない

となる．

以下では『数学入門』第V章を参考にしてこの定理を証明する．その証明は『原論』での（「外角定理」を使う）証明よりやや直接的である．

●証明 5. 2. 7（定理5.2.6の証明，平行線の公理は使わない）

背理法で証明する．はじめに

ある直線 n に対して直線 l, m の錯角が等しいにもかかわらず，直線 l, m が共有点をもつ

と仮定する．そして，図5Aのように点 A, B, C を定める．

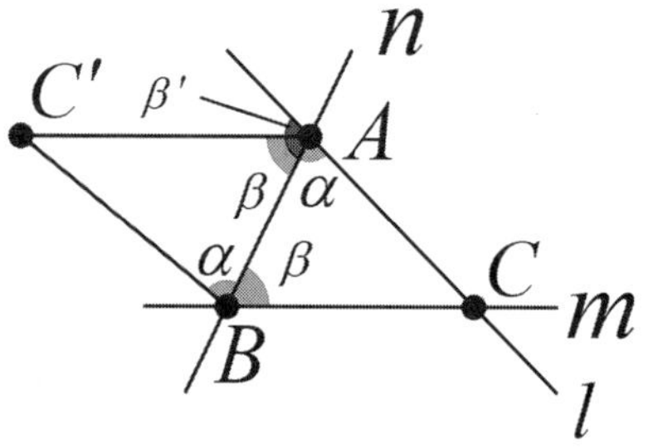

図5A

つぎに，直線 AB に対して点 C と反対側の領域に点 C' を定めて，三角形 ABC, BAC' が合同となるようにする（$\angle CAB = \angle C'BA$, $AC = BC'$ となるようにすればよい）．そして，角 α, β, β' を図5Aのように定める（$\alpha + \beta' = 180°$ だとする）．

ここで「錯角が等しい」という仮定を使えば，

$\beta = \beta'$, すなわち $\alpha + \beta = 180°$

がわかり，さらに

点 C' が直線 l, m 上の点

ということがわかる．

ところが，平面幾何では

$C = C'$

ということはありえない．したがって，

異なる二直線 l, m が異なる二点 C, C' を共有する

ということになり，公理 5.2.3 と矛盾する．証明終了．

定理 5.2.6 は平行であるための十分条件であったが，必要条件としてはどのようなものがあるだろうか．じつは前節の第二の公理は平行であるための必要条件を述べた命題に他ならない．

●**公理 5. 2. 8**（前節の第二の公理，平行であるための必要条件，平行線の公理の一つ）

どんな直線 $l, m\,(l \neq m)$ に対しても，

l, m が共有点をもたない

$\Longrightarrow$（l, m と共有点を持つような）任意の直線 n に対して l, m の錯角が等しい

となる．

定理 5.2.6（十分条件）と公理 5.2.8（必要条件）はどちらも定理 5.3.1（三角形の内角和の定理）の証明で使われるのだが，ここでは，定理 5.2.6 の仮定部分と公理 5.2.8 の結論部分の差異，すなわち前者では「ある直線」となっていて，後者では「任意の直線」となっていること，に注意しておきたい（定理 5.2.6 と公理 5.2.8 を合わせた命題を「平行線の公理」と呼ぶ文献もあるが，本稿では定理 5.2.6 のほうだけを「平行線の公理」と呼んでいることにも注意）．

さて，ユークリッド幾何から平行線の公理を除いたときの幾何は絶対幾何と呼ばれている．絶対幾何の下で公理 5.2.8 と同値になる命題が，いくつも知られている．具体例を挙げる（文献 [5.1] を参考にする）．

●**公理 5. 2. 9**（公理 5.2.8 と同値な命題）

絶対幾何の下で，以下の（1）～（5）の命題が公理 5.2.8（平行線の公理の一つ）と同値になる．

（1） ユークリッドの平行線の公理（公理 5.2.10）．

（2） プレイフェアの平行線の公理．

（3） 三角形の内角和の定理．

（4） 三角形の外接円の存在定理．

（5） 円周角の定理．

公理 5.2.9 の（1）～（5）を概観して本節を終える．

（1）ユークリッドの平行線の公理は，史上初の平行線の公理であった．つぎの命題である．

●**公理 5. 2. 10**（ユークリッド『原論』の平行線の公理，公理 5.2.9（1））

異なる三直線 l, m, n に対して図 5B のようになっているとする（$0 < \alpha < 180°, 0 < \beta < 180°$）．このとき，

$\alpha + \beta < 180°$

$\Longrightarrow$ 直線 l, m が直線 n に関して α や β の角と同じ側で交わる

となる．

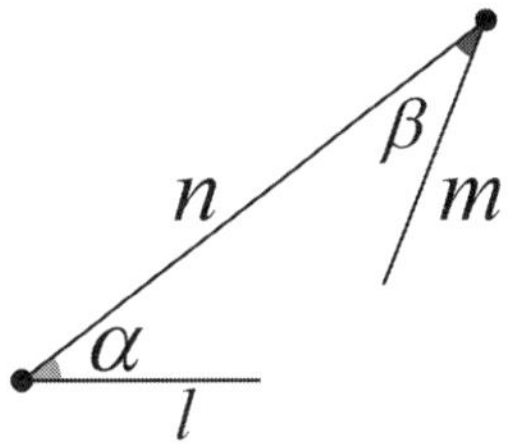

図 5B

（1）ユークリッドの平行線の公理は『原論』の中で最も有名な公理である．（2）～（5）へすすむ前に，（1）をめぐる物語について簡単にまとめておこう．

この公理は，ユークリッド幾何の他の公理たち（絶対幾何の公理たち）に比べて複雑なため，他の公理たちから証明できるのではないかという期待を誘発した．古来あまたの数学研究者・数学愛好者が『原論』の平行線の公理を『原論』の他の公理たちから証明しようと悪戦苦闘したが，誰一人として証明に成功しなかった．

結局，他の公理たちを満たすにもかかわらず平行線の公理を満たさないモデルの発見・発明がなされた（推論「他の公理たち $\Longrightarrow$ 平行線の公理」の反例の発見・発明がなされた）．すなわち，懸案の証明が不可能だと判明したのだった．

平行線の公理を満たさないモデルの発見・発明から新しい幾何が生まれた．平行線の公理を満たす絶対幾何が「ユークリッド幾何(放物幾何)」であったが，平行線の公理を満たさない絶対幾何の「非ユークリッド幾何(双曲幾何)」が生まれた(絶対幾何ではない「射影幾何(楕円幾何)」を「非ユークリッド幾何」と呼ぶ文献もあるので注意)．

公理 5.2.9 (２) プレイフェアの平行線の公理は，プレイフェア(1748 年〜1819 年)が (１) ユークリッドの平行線の公理を言い換えた命題である．

《一直線外の点をとおってそれと交わらない直線は一つあって，ただ一つに限る》(文献 [5.0] 上巻 138 頁)

という命題で，角度が出てこない命題である．この命題の前半の「平行線が少なくとも１本存在する」の部分は絶対幾何で証明できる(コンパスと定規で角の移動をすればよい)．だからこの命題の本質は後半の「平行線が多くとも１本しか存在しない」の部分にある．

(３) 三角形の内角和の定理については次節で緻密な分析をおこなう．

(４) 三角形の外接円の存在定理については『数学入門』第Ⅴ章に証明があるが，その証明では(明記されていないが) (１) ユークリッドの公理が使われている．

(５) 円周角の定理の標準的な証明では (３) 三角形の内角和の定理が使われる．ときおり「(４) 三角形の外接円の存在定理と (５) 円周角の定理から (３) 三角形の内角和の定理が証明可能」という言説を見かけるが，これらの三つの命題は同値である(これらの三つについては文献 [5.2] が面白いと思う)．

(５) 円周角の定理については『数学入門』第Ⅵ章にも証明があるが，その証明は円の対称性を巧みに利用する大変興味深いものである(円の中心に関する無限通りの対称性や，円の中心を通る無限通りの直線に関する対称性を利用する証明である)．他の文献では滅多にお目にかかれないであろう証明なので，一人でも多くのかたに，『数学入門』を手に取ってじっくり鑑賞していただきたい．その証明を支えているのは

円周を平行線が切り取るとき，切り取られた二つの円弧は長さが等しくなる

という事実なのだが，おそらくこの事実も平行線の公理の一形態なのだろう．

公理 5.2.9 の (１) 〜 (５) については以上である．次節以降では，平行線の定義・公理の有用性を具体的に見てゆくことにする．

5.３節　三角形の内角和の定理

同一平面上での点や直線についての幾何を平面幾何といい，同一球面上での点や直線についての幾何を球面幾何という．

本節では，平行線の公理を使って平面幾何の定理「三角形の内角和 = 180°」(定理 5.3.1) を証明する．そして，その証明の理解を深めるために，球面幾何の定理「三角形の内角和 > 180°」(定理 5.3.3) について探求する(球面幾何については『数学入門』には記載がない)．平面幾何での「三角形の内角和 = 180°」の証明は球面幾何には適用できないことになるが，その原因についても探求する(概要 5.3.5)．

●定理 5. 3. 1 (平面幾何での三角形の内角和の定理)

平面上の任意の三角形 ABC に対して，

$$\angle ABC + \angle BAC + \angle ACB = 180^\circ$$

となる．

『数学入門』第Ⅴ章では，この定理をプレイフェアの平行線の公理(公理 5.2.9 (２))によって証明しているが，以下では，5.1 節冒頭の平行線の公理(公理 5.2.8) によって証明する(『数学入門』の証明を少しだけ書き替える)．

●証明 5. 3. 2 (定理 5.3.1 の証明，平行線の公理を使う)

まず，点 A を通る直線 XY を図 5C のように引いて，$\angle ABC = \angle BAX$ となるようにする(コンパスと定規で角の移動をすればよい)．すると，

直線 AB に対して直線 BC, XY の錯角が等

しい

ということになり，定理 5.2.6(平行であるための十分条件)により

直線 BC, XY が共有点をもたない

ということがわかる．ここで公理 5.2.8(平行であるための必要条件，平行線の公理)を使うと

直線 AC に対して直線 BC, XY の錯角が等しい

ということがわかる．ゆえに，

$$\angle ACB = \angle CAY$$

となり，

$$\begin{aligned}&\angle ABC + \angle BAC + \angle ACB \\ &= \angle BAX + \angle BAC + \angle CAY = 180^\circ\end{aligned}$$

となる．

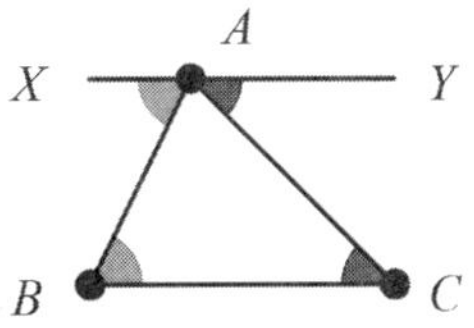

図 5C　$\angle ABC = \angle BAX$ とするとき $\angle ACB = \angle CAY$ となるか？

読書会(日本数学協会・国際教育学会の共催，私と水谷一さんが講師)の準備で『数学入門』第V章を読んだとき，前節の証明 5.2.7 や上記の証明 5.3.2 に該当する『数学入門』の記述が，何度読んでも腑に落ちなかった．具体的には，「直線 AB に対して反対側」のような概念や，「$\angle CAC' = 180^\circ \Longrightarrow C, A, C'$ が同一直線上の点」のような論法を許してもよいのか否か，などが気になって仕方なかった．

読書会の本番のとき，私は表面的な理解のままで発表する羽目になり，黒板の前で何度か立ち往生してしまった．発表の最中に大学院生時代のゼミ発表での苦い思い出が頭をよぎったりもした．しかし，水谷さんやSさん(その回にたまたま参加なさっていた関西の某大学の数学の先生)が随所で本質を突いたコメントをしてくださった．お二人のおかげで少しずつ頭の中を整理することができ，なんとか発表をやりとげることができた．

結局，読書会から1年ほど経つまでは自分の第V章の理解に自信が持てなかったのだが，読書会でのお二人のコメントがなかったら，今でも消化不良のままだったかもしれない．

球面幾何の話題へすすむ．こんな話をご存知のかたも多いだろう：赤道上の東経 0° の点 A，東経 90° の点 B と北極点 C により地球の表面に三角形を作るとき，「三角形の内角和 = 270°」となる．この話はつぎの定理に一般化できる．

●定理 5.3.3 (球面幾何での三角形の内角和の定理)

球面上の任意の三角形 ABC に対して，

$$\angle ABC + \angle BAC + \angle ACB > 180^\circ$$

となる．

読書会では，図 5D の模型を使ってこの定理を証明した．完成してしまえば何でもない模型だが，完成までに1週間ほど試行錯誤をした．りんごを切ったり，発泡スチロールの球体を切ったりして，折り紙による模型に行き着いたのだった．円板状に切った折り紙三枚を半分に折って貼り合わせただけの模型であった．

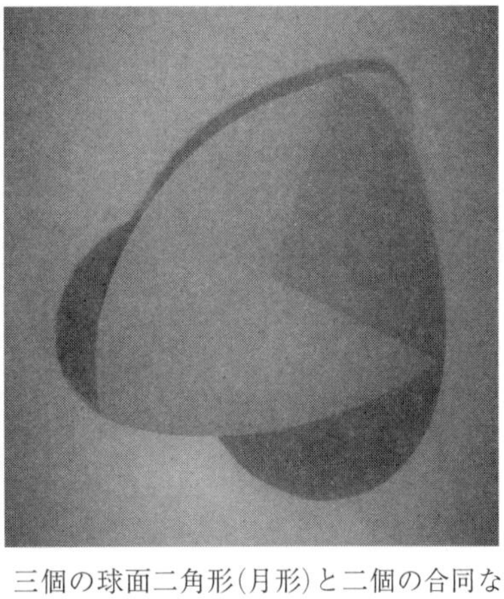

図 5D　三個の球面二角形(月形)と二個の合同な球面三角形

●証明 5.3.4 (定理 5.3.3 の証明)

(三角形 ABC の内角和) $> 180^\circ$

を証明するためには

(三角形 ABC の外角和) $< 360^\circ$

を証明すればよい．なぜなら

(三角形 ABC の内角和)

+(三角形 ABC の外角和) = 540°

だからである．

三角形 ABC の三個の外角を α, β, γ とすると，

図 5D の模型により

$$
\begin{aligned}
&(\text{球面の面積})\\
&=(\text{球面の面積})\times\frac{\alpha+\beta+\gamma}{360^\circ}\\
&\qquad+(\text{三角形}\,ABC\,\text{の面積})\times 2\\
&>(\text{球面の面積})\times\frac{\alpha+\beta+\gamma}{360^\circ}
\end{aligned}
$$

となる．したがって

$$\alpha+\beta+\gamma<360^\circ$$

である．証明終了．

証明 5.3.4 は模型を作った結果として自然に思いついたものだ．定理 5.3.3 の証明として普及しているのは三角形の内角和を直接的に扱う証明だが，証明 5.3.4 のほうが若干スッキリしている．このことは，球面幾何の多角形では内角よりも外角のほうが基本的な量，ということを意味しているように思う．図 5D の折り紙 n 枚ヴァージョン（凸型の球面 n 角形の模型）を作れば，証明 5.3.4 と同様にして「凸型の球面 n 角形の外角和 $<360^\circ$」という定理を証明できる．

さて，平面幾何の「内角和 $=180^\circ$」と球面幾何の「内角和 $>180^\circ$」の両者が証明できたということは，前者の証明は後者の証明には適用できないということである．その原因は前者の証明のどこにあるのだろうか？

理由説明を後回しにして答えを述べると，適用できない原因は，「前者（定理 5.3.1）の証明（証明 5.3.2）で使われた定理 5.2.6」の証明（証明 5.2.7）の末尾の「平面幾何では

$$C=C'$$

ということはありえない」の箇所にある．少しずつ説明してゆこう．

証明 5.3.2 では，定理 5.2.6 の

錯角が等しい $\Longrightarrow$ 平行である

と公理 5.2.8（平行線の公理）の

平行である $\Longrightarrow$ 錯角が等しい

が使われている．ところが，球面幾何では

平行である（共有点をもたない）

が常に偽になるので，公理 5.2.6 のほうは形式的に偽となり，定理 5.2.8（平行線の公理）のほうは形式的に真となる（定理 5.2.6 と公理 5.2.8 を合わせた命題を「平行線の公理」とよぶ文献では，球面幾何では「平行線の公理」が偽になるので注意）．

つまり，求めるべき原因が公理 5.2.8（真）のほうではなく定理 5.2.6（偽）のほうにありそうだ，という推測ができる．

推測からしばし離れて，いま述べた「球面幾何では

平行である（共有点をもたない）

が常に偽になる」という状況について，球面幾何（「実射影平面の幾何」の初歩）を概観する中で言及しておこう（「実射影平面の幾何」については，たとえば文献 [5.3] が読みやすいと思う）．

●概要 5.3.5（球面幾何での直線・点の約束事）

はじめに球面幾何での直線について．球面幾何では大円（球体の中心を通る平面と球面との交線）を直線と見なす．球面上での二点間の最短経路が，必ず大円の一部分になるからである．この「直線の約束事」により，

異なる二直線は絶対に平行でない（共有点をもたない）

という状況になる．平面幾何ではありえない状況だが，これは止む無しとする．

つぎに球面幾何での点について．球面上のどんな点 C, C' も，それらが球体の中心に関して対称な場合には，同一視する．この「点の約束事」により，

異なる二点を通る直線が唯一存在する

という平面幾何の公理（公理 5.2.1，5.2.2）を，球面幾何の公理として使い回せることになる．もしこの約束事がなかったとすると，北極点と南極点などの二点に対して，

異なる二点を通る直線が無数に存在する

ということになり，平面幾何ではありえない状況になってしまう．

これらの約束事の下で幾何学を展開すると，実射影平面の幾何学になる．実射影平面の幾何はユークリッドの平面幾何ではないが，絶対幾何でもない．

定理 5.3.1「内角和 = 180°」の証明の問題点の推測に戻る．すでに，定理 5.3.1 の証明が球面幾何に適用できない原因が定理 5.2.6「錯角が等しい $\Longrightarrow$ 平行である」にありそうだ，ということを述べた．ここで改めて，定理 5.2.6 の証明(証明 5.2.7)を吟味してみよう．

図 5E は，証明 5.2.7 で参照した図 5A の球面幾何ヴァージョンである．違いは，図 5E では

点 C, C' を同一視する

というところである(概説 5.3.5 の「点の約束事」)．証明 5.2.7 の背理法では，「平面幾何では

$C = C'$

ということはありえない」という事実を根拠にして，公理 5.2.3「異なる二直線が異なる二点を共有することはない」に対する矛盾を導いた．

しかし，「球面幾何では

$C = C'$

ということがありうる」というのが事実である．ゆえに，球面幾何では公理 5.2.3 に対する矛盾が導けないことになる．

まとめると，証明 5.2.7 (「錯覚が等しい $\Longrightarrow$ 平行である」の証明)が球面幾何には適用できず，証明 5.2.7 に依拠する証明 5.3.2 (「内角和 = 180°」の証明)も球面幾何には適用できない！

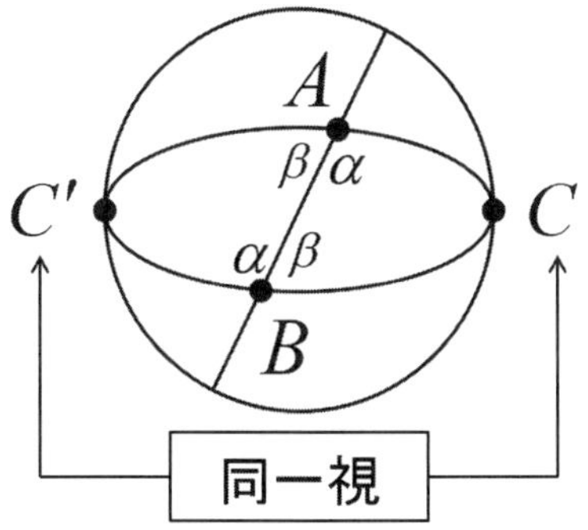

図 5E　図 5A の球面幾何ヴァージョン

余談を少し．絶対幾何の下では「内角和 = 180°」と平行線の公理が同値だったが，平行線の公理を仮定しない絶対幾何の下でも「内角和 ≤ 180°」が証明されている(サッケーリ-ルジャンドルの定理)．その証明ではアルキメデスの公理「$\lim_{n\to\infty}\dfrac{1}{2^n} = 0$」が使われる．平行線の公理はアルキメデスの公理よりも強いということだろうか．

最後にひとこと．数学の永久不滅の真理の例として決まって「三角形の内角の和 = 180°」が挙げられるのはなぜだろう．この定理こそ，数学的真理の相対性を示す顕著な例だと思われるのだが．

5.4 節　デカルトのかけ算とパップスの定理

平行線という概念の幾何学における存在意義は何であろうか？　存在意義は「平行線によって線分の長さの比が保たれるおかげで，線分の長さの積が幾何学の範囲内で(代数学や解析学を経由せずに)定義できる」ということではないだろうか？

本節と次節をとおして，私なりにこの問いに応えてみたい．

線分の長さの定義は簡単である．長さ 1 の線分を一つ準備すれば，その長さを基準にして任意の線分の長さを定義(測定)できる．具体的には，定規とコンパスを用いながら，長さを 2.1 節の方法で小数や分数として測ればよい(長さが無理数の場合にも，有理数列の極限として「限りなく」正確に測ることができる)．長さの自然数倍だけでなく，長さの自然数等分も容易なことに注意(平行線を利用すれば自然数等分が可能)．

では，長さの積の定義はどうすればよいだろうか．線分の長さ q, q' (正実数)が与えられたとして，積 $q \times q'$ を幾何学的に(直接的に)定義してみよう．1.2 節で述べたように，数学のかけ算の多くを「ひとつ分 × いくつ分」型のかけ算として統一的に解釈できる．そこで，積 $q \times q'$ を

q を 1 と見なしたときに

q' と見なされるのが $q \times q'$

という意味づけができるように定義してみよう．

本節と次節で一つずつ定義を与えるが，どちらも「ひとつ分×いくつ分」型のかけ算になる．本節の定義は『数学入門』とはリンクしていないが，次節の定義は『数学入門』の一説をヒントにしたものとなる．

●定義 5.4.1（線分の長さのかけ算の定義）

線分の長さ q, q'（正実数）が与えられたとする．このとき長さのかけ算 $q\times q'$ を以下の r として定義する（図 5F）：

$OQ = q, \qquad OQ' = q'$

の三角形 OQQ' を作り，半直線 OQ' 上に点 R' を取って

$OR' = 1$

となるようにし，半直線 OQ 上に点 R を取って

$\angle OR'Q = \angle OQ'R$

となるようにし，線分の長さ r を

$OR = r$

と定める（r が三角形 OQQ' の作り方によらずに一意に定まることの証明は省略）．

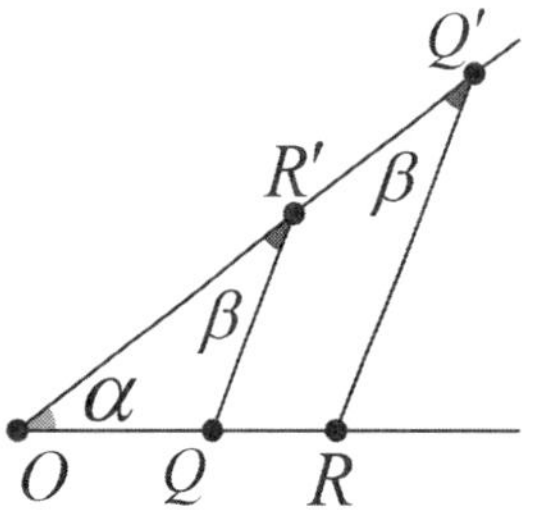

図 5F　$OR' = 1, OQ = q, OQ' = q', OR = q\times q'$

定義 5.4.1 が

q を 1 と見なしたときに

q' と見なされるのが $q\times q'$

と解釈できることを確認していただきたい．

さて，この定義では直線 $R'Q$ に対して点 Q' を通る平行線を引いている．平行線を引くだけなら平行線の公理は不必要であるが（定理 5.2.6 を使えばよい），点 R の存在を保証するには平行線の公理が必要であろう．

図 5F の α, β は三角形 OQR' の二角である．ゆえに，不等式

$\alpha+\beta < 180^\circ$

が成立する（この不等式は平行線の公理によらずに証明できる）．この不等式と公理 5.2.10（ユークリッドの平行線の公理）により，点 Q' を通り直線 $R'Q$ に平行な直線と，半直線 OQ が，直線 OQ' に対して点 Q と同じ側で交わる，ということが保証される．

どうやら，線分の長さのかけ算という素朴な概念の定義にさえ，平行線の公理が不可欠なようだ．

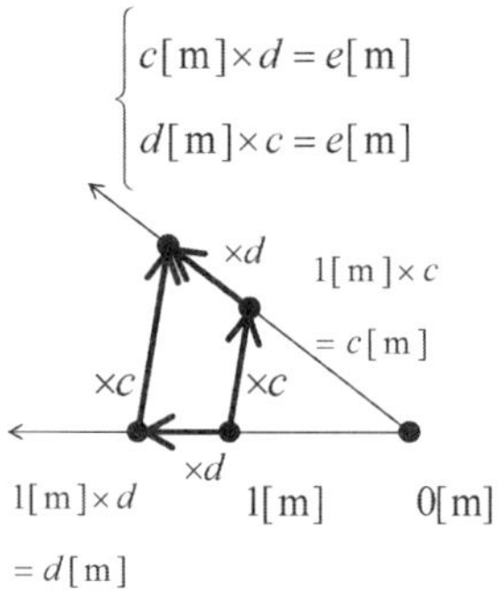

図 1G　（再掲）

ここで唐突だが，1.4 節の「デカルトのかけ算（上の図 1G のかけ算）」を思い出してみよう．ただちに，本節でのかけ算（図 5F のかけ算）が「デカルトのかけ算」に他ならないと気がつくが，これらのかけ算に関する交換法則は自明だろうか．

1.4 節に「図 1G の中にかけ算の順序の交換法則

$c[\mathrm{m}]\times d = d[\mathrm{m}]\times c$

を見出すことができる」と述べた（連載時の誤りを訂正して引用）．確かに，交換法則を見出すことができる．しかし，だからといって交換法則が証明されたわけではない．「法則の視覚化は法則の証明の視覚化ではない」のである．では，交換法則を直観によらずに厳密に証明するにはどうすればよいだろうか．

証明でなすべきことをハッキリさせるために新たな図を描いてみよう．ただし本節での文脈に戻るために，c や d でなく，q や q' を使うことにする．証明したいのは交換法則

$q\times q' = q'\times q$

である．だから，$q\times q'$ と $q'\times q$ を敢えて別の場所に配置してみよう（図 5G）．

図 5G を見れば，証明でなすべきことが明確になる．証明の方針は下記のようになる．図 5G とともに図 5H を参照し，方針を読んでいただきたい（図 5H は $OP = 1, OR' = 1$ の場合の図そのものではないが，$OP = 1, OR' = 1$ の場合の図として見ていただきたい）．

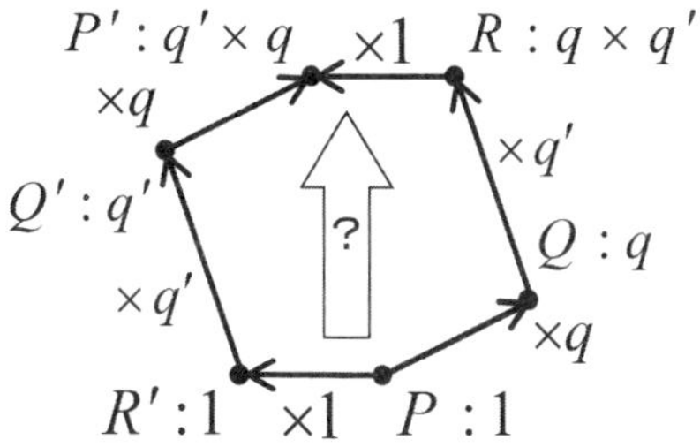

図 5G　$q\times q'=q'\times q$ の証明でなすべきことは？

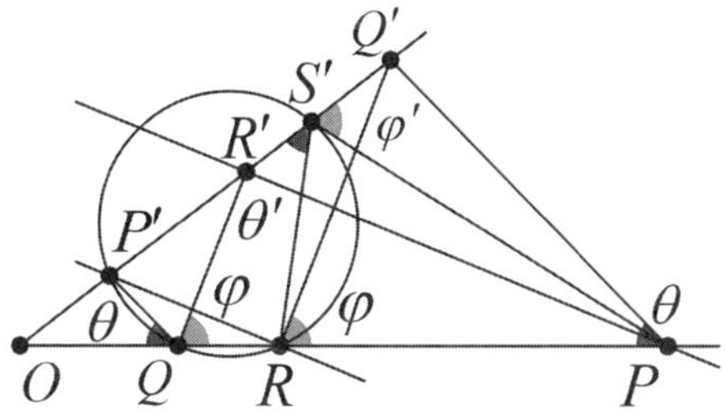

図 5H　PQ' と QP' が平行で QR' と RQ' が平行のとき RP' と PR' は平行になるか？

●方針 5.4.2（線分の長さのかけ算の交換法則の証明の方針，図 5G，5H を参照）

線分の長さ q, q' が与えられたとき，交換法則

$$q\times q'=q'\times q$$

が以下の（1）〜（4）の流れで証明できる．

（1）　三角形 OPR' を $OP=1, OR'=1$ となるように作る．

（2）　半直線 OP 上に $OQ=q$ となるような点 Q を取り，半直線 OR' 上に $OQ'=q'$ となるような点 Q' を取る．

（3）　半直線 OP 上に $OR=q\times q'$ となるような点 R を取り，半直線 OR' 上に $OP'=q'\times q$ となるような点 P' を取る．

（4）　$OR=OP'$ を証明する．

ただし，（3）での点 R, P' は，定義 5.4.1 にしたがって

直線 QR' と直線 RQ' が交わらない，

直線 PQ' と直線 QP' が交わらない

となるように定める．また，$OP=OR'$ に着目すれば，（4）での $OR=OP'$ の証明において

直線 RP' と直線 PR' が交わらない

を証明すればよい，とわかる．

以上の方針を踏まえれば，交換法則の証明をつぎの定理の証明に帰着できる．つぎの定理で $OP=1, OR'=1$ とすれば，交換法則の証明が完成する．

●定理 5.4.3（ユークリッド幾何でのパップスの定理の第 1 形，図 5H を参照）

l, l' が異なる二直線で，直線 l 上に異なる三点 P, Q, R があり，直線 l' 上に異なる三点 P', Q', R' があるとする．ただし，直線 l, l' が点 O で交わるとし，六点 P, Q, R, P', Q', R' が点 O とは異なるとする．そして，

直線 PQ' と直線 $P'Q$ が交わらない，

直線 $Q'R$ と直線 QR' が交わらない

と仮定する．このとき，

直線 RP' と直線 $R'P$ が交わらない

と結論できる．

文献 [5.4] には，「デカルトのかけ算」に関する交換法則の直接的証明が載っている．その証明ではパップスの定理（定理 5.4.3）は使われていないが，平行線の公理と同値な命題（公理 5.2.9 の（4）三角形の外接円の存在定理や（5）円周角の定理）が使われている．

定理 5.4.3 を証明して本節を終える（文献 [5.5] を参考にする）．

●証明 5.4.4（定理 5.4.3 の証明，図 5H を参照）

三角形 QRP' の外接円と直線 l' の二つの交点を P', S' とする．そして，「直線 l 上に点 O, Q, R, P がこの順に並んでいる」「直線 l' 上に点 O, P', R', S', Q' がこの順に並んでいる」という状況の下で証明をおこなう（他の状況下でも同様に証明ができる）．

証明の目標は

$$\angle QRP'=\angle RPR'$$

であるが，四角形 $QRS'P'$ が円に内接するのだから，目標を

$$\angle QS'P'=\angle RPR'$$

に変えることができる．以下ではこの新目標を証明する．定理の仮定により

$$\angle OPQ'=\theta,\qquad \angle OQP'=\theta:$$

$$\angle PQR'=\varphi,\qquad \angle PRQ'=\varphi$$

と置くことができる．

まず，

四角形 $QRS'P'$ が円に内接する

ことにより

$\theta=\theta'$，ただし $\angle P'S'R=\theta'$

がわかる．ゆえに，

四角形 $RPQ'S'$ が円に内接する

ことになり，

$\varphi=\varphi'$，ただし $\angle PS'Q'=\varphi'$

がわかる．したがって，

四角形 $QPS'R'$ が円に内接する

ことになり，

$\angle QS'P'=\angle RPR'$

がわかるが，これが新目標であった．

平行線により線分比(線分の長さの比)が保たれることを前提にすれば，定理 5.4.3 の

「直線 PQ' と直線 $P'Q$ が交わらない」

かつ「直線 $Q'R$ と直線 QR' が交わらない」

$\Longrightarrow$「直線 RP' と直線 $R'P$ が交わらない」

を

$OP:OQ=OQ':OP'$

かつ $OR:OQ=OQ':OR'$

$\Longrightarrow OR:OP=OP':OR'$

に言い換えることができ，さらに

$OP\times OP'=OQ\times OQ'$

かつ $OR\times OR'=OQ\times OQ'$

$\Longrightarrow OR\times OR'=OP\times OP'$

に言い換えることができる．これらの言い換えを認めれば定理 5.4.3 を自明視できそうだが，私たちはこれらの言い換えを認めてもよいだろうか．

これらの言い換えでは線分の長さの積が使われている．だからこれらの言い換えには，「これから線分の長さの積について調べよう」としている私たちは，慎重に対処すべきだろう．

線分の長さの比と積の関係をあらかじめ丁寧に調べておけば，これらの言い換えを私たちの文脈に持ち込んでも問題ないかもしれない．しかし比と積の関係を丁寧に調べることには，証明 5.4.4 と同程度の手間がともなうのではないだろうか．

5.5 節　八百屋のかけ算とパップスの定理

本節では，線分の長さの積を前節とは別の方法で定義する．その際に『数学入門』の一説をヒントにする．平行線で保たれる線分比の解説や三角形の相似条件の解説のあとの，つぎの一説である．図 5I を参照しながら読んでいただきたい(図 5I は『数学入門』の図版をもとに作成したが，目盛りは一部のみを記入した)．

●引用 5.5.1 (文献 [5.0] 上巻 178 頁，図版は省略)

《相似と比例の関係をうまく利用すると，比例を計算なしで図の上で解くことができる．

たとえばジャガイモ 1 キログラム(＝1000 グラム)が 30 円のとき，x グラムではいくらかというと，つぎのような図をつくる．目方は下から上に，値段は上から下に目盛る．0 グラムは 0 円だから 0 グラムと 0 円を直線で結び，1000 グラムが 30 円だからやはり二つを直線で結ぶ．その二つの直線の交点を P とする．たとえば 300 グラムの値段を求めようと思ったら 300 グラムと P を結ぶ直線が値段の線と交わる点を見ればよい．それは 9 円になっているはずである．また逆に 50 円分だけ買いたかったら 50 円と P 点を結ぶ直線が目方の線とどこで交わるかをみればよい．その理由は相似三角形の定理からすぐにわかる．

いちいち直線をひくのがめんどうだったら P 点で直線の棒を針で止めて自由に回転できるようにしておけばよい．

このような表を八百屋の店先にはっておけば，お客も店屋も無駄な計算をせずにすむ．》

図 5I は点 P で 1[kg]と 30[円]を対応させた図だが，点 Q で 1.6…[kg]と 30[円]を対応させ(図 5J)，点 R で 0.3[kg]と 30[円]を対応させてみる(図 5K)．すると点 Q と 9[円]の直線から 0.5[kg]が得られ，点 R と 50[円]の直線から同じく 0.5[kg]が得られる．

さらに，図 5I と図 5J から

1[kg]：0.3[kg]＝1.66…[kg]：0.5[kg]

という等式が得られ，図 5I と図 5K から

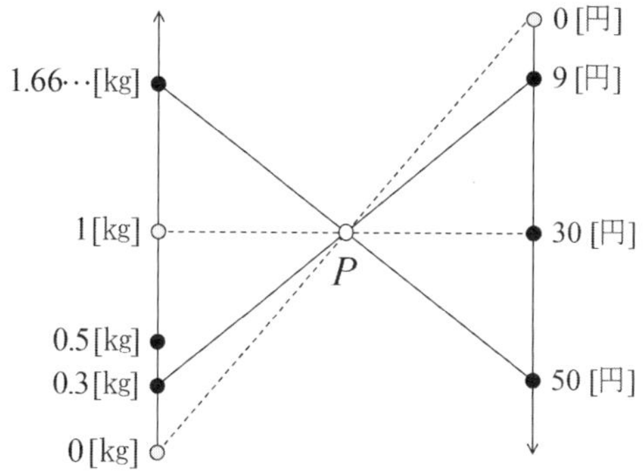

図 5I　1[kg]：0.3[kg] = 30[円]：9[円]，1[kg]：1.66⋯[kg] = 30[円]：50[円]

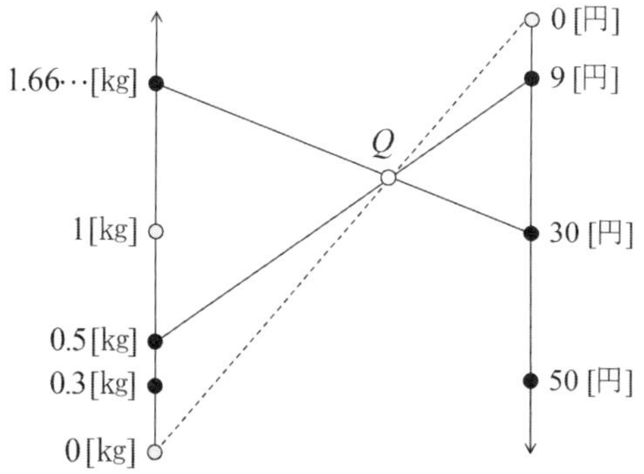

図 5J　30[円]：9[円] = 1.66⋯[kg]：0.5[kg]

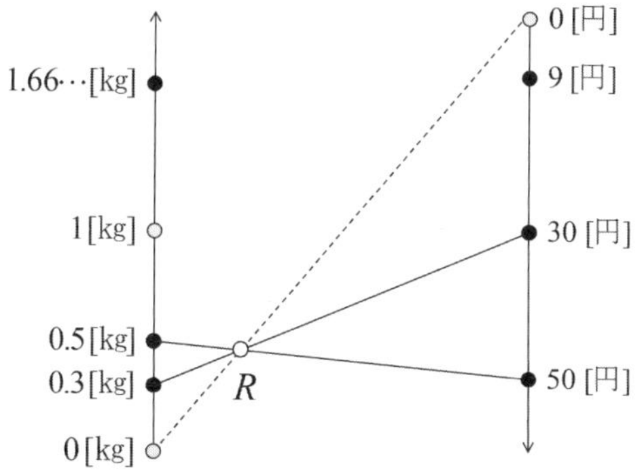

図 5K　30[円]：50[円] = 0.3[kg]：0.5[kg]

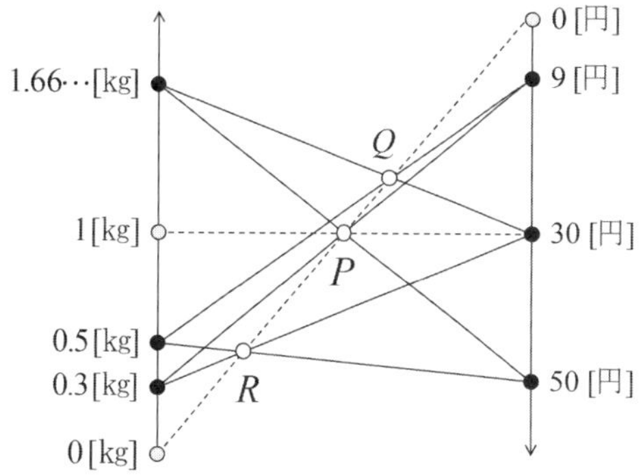

図 5L　図 5I～5K をまとめた図

　1[kg]：1.66⋯[kg] = 0.3[kg]：0.5[kg]

という等式が得られる．ここで前者の等式が

　1.66⋯[kg]を 1 と見なすときに

　0.3 と見なされるのが 0.5[kg]

と意味づけできることと，後者の等式が

　0.3[kg]を 1 と見なすときに

　1.66⋯と見なされるのが 0.5[kg]

と意味づけできることに注意する．すると，これらの等式を

$$1.66\cdots[\mathrm{kg}]\times 0.3 = 0.5[\mathrm{kg}]$$

$$0.3[\mathrm{kg}]\times 1.66\cdots = 0.5[\mathrm{kg}],$$

に書き換えできる(かけ算を「ひとつ分 × いくつ分」の順序で書くことにする)．

　以上により，かけ算の交換法則

$$1.66\cdots[\mathrm{kg}]\times 0.3 = 0.3[\mathrm{kg}]\times 1.66\cdots$$

が得られたことになる．

　以下では，図 5L を参照しながら，この等式(かけ算の交換法則)の成立理由についての考察を，少しずつ深めてゆく(考察 5.5.2～5.5.4)．前節にも書いたが「法則の視覚化は法則の証明の視覚化ではない」ということを肝に銘じておこう．

　以下の考察では，点 P, Q, R を新たに定義するので注意していただきたい．また，座標が 0.3[kg]の点を「点 0.3[kg]」と記したり，座標が 9[円]の点を「点 9[円]」と記したりする(まぎらわしい表記法だが，「点 0.3[kg]」「点 9[円]」は単なる点の名称だとし，数値の「0.3」「9」とは直接的関係はないとする)．二点 0.3[kg]，9[円]を通る直線を「直線 0.3[kg]9[円]」と記したりもする．

●考察 5. 5. 2 (引用 5.5.1 をヒントにした考察，図 5L を参照)

　三直線 1[kg]30[円]，0.3[kg]9[円]，1.66⋯[kg]50[円]の交点を P とし，二直線 1.66⋯[kg]30[円]，0.5[kg]9[円]の交点を Q とし，二直線 0.3[kg]30[円]，0.5[kg]50[円]の交点を R とする．

　このとき，

直線0[kg]0[円]が点Pを通る
ということから，
0[kg]1[kg]：0[kg]0.3[kg]
＝0[円]30[円]：0[円]9[円]，
0[kg]1[kg]：0[kg]1.66…[kg]
＝0[円]30[円]：0[円]50[円]
(等式1，2とする)がわかる．そして，
直線0[kg]0[円]が点Qを通る
ということから，
0[kg]1.66…[kg]：0[kg]0.5[kg]
＝0[円]30[円]：0[円]9[円]
すなわち
0[kg]1[kg]：0[kg]0.3[kg]
＝0[kg]1.66…[kg]：0[kg]0.5[kg]
(等式3とする)がわかる(等式1を使った)．
ここで，もし
三点P, Q, Rが同一直線上の点になる
ということが証明できれば，
直線0[kg]0[円]が点Rを通る
ということがわかり，さらに
0[kg]0.3[kg]：0[kg]0.5[kg]
＝0[円]30[円]：0[円]50[円]
すなわち
0[kg]1[kg]：0[kg]1.66…[kg]
＝0[kg]0.3[kg]：0[kg]0.5[kg]
(等式4とする)がわかる(等式2を使った)．

●考察5.5.3(考察5.5.2の要約，図5Lを参照)
(考察5.5.2の第1段落については省略)
このとき，
直線0[kg]0[円]が点Pを通る，
直線0[kg]0[円]が点Qを通る
ということから，
0[kg]1[kg]：0[kg]0.3[kg]
＝0[kg]1.66…[kg]：0[kg]0.5[kg]
(等式3とする)がわかる．ここで，もし
三点P, Q, Rが同一直線上の点になる
ということが証明できれば，
直線0[kg]0[円]が点Rを通る
ということがわかり，
0[kg]1[kg]：0[kg]1.66…[kg]
＝0[kg]0.3[kg]：0[kg]0.5[kg]
(等式4とする)がわかる．

考察5.5.3の等式3，4(長さの比に関する等式)は，
線分0[kg]1[kg]の長さが1である
という状況下では，それぞれ
0[kg]1.66…[kg]×0[kg]0.3[kg]
＝0[kg]0.5[kg]
(1.66…[kg]×0.3＝0.5[kg])，
0[kg]0.3[kg]×0[kg]1.66…[kg]
＝0[kg]0.5[kg]
(0.3[kg]×1.66…＝0.5[kg])
という等式(長さの積に関する等式)に言い換えができる．すなわち，
0[kg]1.66…[kg]×0[kg]0.3[kg]
＝0[kg]0.3[kg]×0[kg]1.66…[kg]
(1.66…[kg]×0.3＝0.3[kg]×1.66…)
という等式(かけ算の交換法則)が得られる．

この言い換えを踏まえて，考察5.5.3を言い換えてみよう．

●考察5.5.4(考察5.5.3の言い換え，図5Lを参照)
三直線1[kg]30[円]，0.3[kg]9[円]，1.66…[kg]50[円]の交点をPとし，二直線1.66…[kg]30[円]，0.5[kg]9[円]の交点をQとし，二直線0.3[kg]30[円]，0.5[kg]50[円]の交点をRとする．そして，
線分0[kg]1[kg]の長さが1である
とする．
このとき，
三点P, Q, Rが同一直線上の点になる
ということが証明できれば，
0[kg]1.66…[kg]×0[kg]0.3[kg]
＝0[kg]0.3[kg]×0[kg]1.66…[kg]
(1.66…[kg]×0.3＝0.3[kg]×1.66…)
という等式(かけ算の交換法則)が得られる．

考察5.5.4により，「八百屋のかけ算」(引用5.5.1のかけ算)に関する「かけ算の交換法則」が「三点が同一直線上にある」という性質の証明に帰着されたことになる．では，この性質はどう証明すればよいのだろうか．

じつは，つぎの定理(定理5.4.3の別ヴァージョ

ン)が知られている．つぎの定理が証明できれば，くだんの「三点が同一直線上にある」が証明できたことになる．

●定理 5.5.5（ユークリッド幾何でのパップスの定理の第 2 形，証明は省略）

l_0, l_1 が異なる二直線で，直線 l_0 上に異なる三点 P_0, P_2, P_4 があり，直線 l_1 上に異なる三点 P_1, P_3, P_5 があるとする．ただし，直線 l_0, l_1 が交わらないとする．そして，

直線 P_0P_1 と直線 P_3P_4 が交わる，
直線 P_1P_2 と直線 P_4P_5 が交わる，
直線 P_2P_3 と直線 P_5P_0 が交わる

と仮定する．このとき，

直線 P_0P_1 と直線 P_3P_4 の交点，
直線 P_1P_2 と直線 P_4P_5 の交点，
直線 P_2P_3 と直線 P_5P_0 の交点

は同一直線上の点となる．

定理 5.5.5 をユークリッド幾何の内部だけで証明しようとすると，どうしても定理 5.4.3 の証明のように煩雑になるようだ．しかし，実射影平面の幾何を経由して証明すると，スッキリと証明できる．

じつは，ユークリッド幾何でのパップスの定理の第 1 形（定理 5.4.3）と第 2 形（定理 5.5.5）は，実射影平面の幾何でのつぎの定理（定理 5.5.6）に統合できる．そして，その統合された定理は，第 1 形の定理（前節で証明ずみ）と若干の知識（「射影変換」の性質など）から容易に証明できる（統合された定理には何通りかの趣の異なる直接的証明も知られている）．逆に，統合された定理から，第 1 形や第 2 形を容易に証明できる．

●定理 5.5.6（実射影平面の幾何でのパップスの定理，定理 5.4.3 から容易に証明可能，証明は省略）

l_0, l_1 が異なる二直線で，直線 l_0 上に異なる三点 P_0, P_2, P_4 があり，直線 l_1 上に異なる三点 P_1, P_3, P_5 があるとする．ただし，六点 $P_0, P_2, P_4, P_1, P_3, P_5$ は

直線 l_0, l_1 の交点

とは異なるとする．このとき，

直線 P_0P_1 と直線 P_3P_4 の交点，
直線 P_1P_2 と直線 P_4P_5 の交点，
直線 P_2P_3 と直線 P_5P_0 の交点

は同一直線上の点となる．

本稿では，定理 5.5.6 からの定理 5.5.5 の証明は省略するが，定理 5.5.6 からの定理 5.4.3 の別証明を紹介する（複雑だった証明 5.4.4 とは違って単純な証明になる）．別証明では実射影平面についての初歩的な知識（「平行線は無限遠点で交わる」「無限遠直線は無限遠点全体の集合である」など）を仮定するが，初歩的な知識があれば証明の雰囲気や楽しさを味わっていただけるはずだ．

●証明 5.5.7（定理 5.4.3 の別証明，定理 5.5.6 からの証明）

定理 5.4.3 の

$l, P, R, Q\,; l', Q', P', R'$

を

$l_0, P_0, P_2, P_4\,; l_1, P_1, P_3, P_5$

とする．ユークリッド平面を実射影平面（ユークリッド平面の点全体と無限遠点全体からなる集合）に埋め込んで考える．

定理 5.4.3 の

直線 P_0P_1 と直線 P_3P_4 が交わらない，
直線 P_1P_2 と直線 P_4P_5 が交わらない

という仮定より，

直線 P_0P_1 と直線 P_3P_4 が無限遠点で交わる，
直線 P_1P_2 と直線 P_4P_5 が無限遠点で交わる

ということになる．これらの無限遠点は無限遠直線上の点だが，直線 P_0P_1 と直線 P_1P_2 が平行でないから，これらの無限遠点が同一点となることはない．すなわち，

直線 P_0P_1 と直線 P_3P_4 の交点，
直線 P_1P_2 と直線 P_4P_5 の交点

を通る直線は無限遠直線に他ならない．

ここで定理 5.5.6 を使うと，

直線 P_2P_3 と直線 P_5P_0 の交点

が無限遠直線上の点とわかる．すなわち，

直線 P_2P_3 と直線 P_5P_0 が交わらない

という結論になる．証明終了．

どうやら，パップスの定理の本質は(ユークリッド平面ではなく)実射影平面の性質にひそんでいるようだ．そして，線分の長さの積の交換法則の本質についても，同様なのだろう．

前節の冒頭で平行線という概念の存在意義についての問いを立てた．前節の「デカルトのかけ算」も本節の「八百屋のかけ算」も線分の長さの基本的な算術であるが，どちらも平行線によって定義されていた．私は前節の問いに，存在意義は「平行線によって線分の長さのかけ算が定義できる」というところにある，と応えたい．

ところで，『数学入門』に「八百屋の計算術」を載せた遠山は，どこまで意図していたのだろうか．さすがに「かけ算の交換法則(パップスの定理)」までは意図していなかったと想像するのだが，…….いずれにせよ，『数学入門』は読み返すたびに発見がある書物である．本節の内容は，執筆のために読み返したときの発見と，その発見について専門書で調べたことをもとにした．遠山が「八百屋の計算術」を載せてくれたおかげで，私の数学の世界が少し広がった．

●連載第5回の参考文献……………………

[5.0]　遠山啓『数学入門』岩波新書，1959年(上巻)，1960年(下巻).

[5.1]　溝上武實『ユークリッド幾何学を考える』ベレ出版，2006年.

[5.2]　瀬山士郎『幾何学再発見』日本評論社，2005年.

[5.3]　大田春外『楽しもう射影平面』日本評論社，2016年.

[5.4]　R. ハーツホーン(難波誠訳)『幾何学 I』シュプリンガー・ジャパン，2007年.

[5.5]　西田吾郎『数，方程式とユークリッド幾何』京都大学学術出版会，2012年.

(みやなが・のぞみ／日本数学協会幹事)

石井俊全著『ガロア理論の頂を踏む』

A5判，503ページ，本体3000円，ベレ出版，2013年8月，ISBN 978-4-860643-63-8

ネットでは「中学生にもわかるガロア理論」などの投稿が目立つ．本当だろうか．約50年前，ガロアの理論に何度も挑戦して挫折している私は，そんな時代になったのだろうかと思いながら，ガロアの理論に関する新刊を調べていたところ，本会会員の宮永望さんに薦められたのがこの本である．

私が今まで見かけたガロアの理論の専門書とは一風変わった本で，ページ数は約500ページもあり分厚いが，分からないところは飛ばしながらも，最後まで読み切れたのは不思議な感じである．書評に入る前に，私とガロアの理論との「つきあい」について触れておこう．

1970年代の数学科学生はガロアの理論を理解することが夢だった．ところが大学紛争もあり講義がまともに行われず，自分で勉強するしかなく，ほとんどの学生はガロアの理論が未消化に終わっている．私が最初に手にしたのは，つぎの本だった．

エム・ポストニコフ著，日野寛三訳『ガロアの理論』東京図書，1964年

これは，まったく歯が立たなかった．大学卒業後，知人に紹介されたのがつぎの本で，

矢ヶ部巌著『数Ⅲ方式ガロアの理論：アイデアの変遷を追って』現代数学社，1976年

これも最後まで読み切ることができなかった．

その後，「ガロアの理論」と名の付く本を何冊か買って読んだが，一向に理解が進まなかった．今から思うと，私にとっての壁は，準同型写像，準同型定理の理解だったと思う．そこで，それを示しておこう．内容はもちろん，表記法にも馴染めなかった．

> [準同型写像]
>
> 群 G, G' について，G から G' への写像 f がある．G の任意の2つの元 x, y について，
>
> $$f(xy) = f(x)f(y)$$
>
> が成り立つとき，f を G から G' への準同型写像という．
>
> [準同型定理]
>
> f が群 G から群 G' への準同型写像であるとする．$N = \mathrm{Ker}\, f$ とすると，
>
> $$G/N \cong \mathrm{Im}\, f$$

これを大学3年生に理解せよといっても無理な話である．準同型定理を理解するには，集合，写像，群，準同型，同型，それに $\mathrm{Im}\, f$ と $\mathrm{Ker}\, f$ を理解していなければならない．当時，予備知識なしで，これを理解できる学生は天才だといわれたが，それは嘘である．

私にとっての理解は，大学1年生で学ぶ，集合，写像，置換の初歩で，記憶にあるのは次の定理であり，ガロアの理論へは程遠いものだった．私は「巡回置換は互換の積で表される」ということを「ビールのつぎ方」という短文にしたところ，『数学セミナー』(日本評論社)1983年9月号の表紙に掲載された．

> [置換は互換の積]
>
> n 次の対称群 S_n の元は互換の積で表される．

大学を卒業して就職したのが日本アイ・ビー・エムというコンピューターの会社であり，数値計算に使う擬似乱数生成のサブルーチンのアルゴリズムに，素数と「原始根」が使われていることを知った．原始根は整数論では常識の数学用語であるが，恥ずかしながら社会に出てから初めて原始

根を知った．そして，フェルマーの小定理を学んだ．

ある雑誌につぎの書評を書く機会があった．その中で，「中国剰余の定理」の面白さを学んだ．そして，これは古代中国の『孫子算経』に記述があることを知った．剰余類は整数論，群論，ガロアの理論すべてに関係する重要な概念である．

吉田武著『素数夜曲：女王の誘惑』海鳴社，1994年

ヒトデの腕はなぜ5本か，棘皮動物の水管系はなぜ五放射相称かを研究しているとき，正五角形の作図問題に興味を持ち，さらにつぎの本の第1章に，19歳の青年ガウスが目ざめて臥床から起き出でようとする刹那に正17角形の作図法を思い付いたとして，彼の日記が紹介されているのを知った．

高木貞治著『近世数学史談』共立出版，1970年

私は，この解説に飽き足らず，つぎの本を読み，ガウスの「f-項周期」(16項周期を8項周期に分解する)というのを学んだ．

倉田令二朗著『ガウス円分方程式論』河合文化教育研究所，1988年

『数学セミナー』日本評論社，2006年6月号の「エレガントな解答をもとむ」欄に出題する機会を与えられた．幾何図形の数え上げに関する問題だったが，ある解答者は「バーンサイドの補題」を使ったエレガントな解答をされた．この補題はコーシー-フロベニウスの補題，ポリアの定理と呼ばれることもあり，群論の結果を使った有用な数え上げ方法である．

私は，バーンサイドの補題を使って，サイコロ(正六面体)を三色で塗り分ける場合は何通りあるかの問題を考えた．そして，サイコロの回転軸と回転群，群論，置換群，同値類などの概念について学んだ．

[バーンサイドの補題]

集合 X に作用する置換群 G があるとき，群 G の要素 g によって不変なものの個数を X^g とするとき，軌道(orbit)の数 $|X/G|$ はつぎの公式で表される．

$$|X/G| = \frac{1}{|G|}\sum_{g \in G}|X^g|$$

このようにして50年間の「下積み生活」の私にはガロアの理論に再挑戦する機が熟していたといえよう．この本を手にしたとき，わからないところは飛ばしながらも，ガロアの理論を最後まで読み切ることができたのだ．

前置きが長くなってしまったが，本書は整数，群，多項式，複素数，体と自己同型写像，根号で表す，の6つの章に分かれていて，それぞれの章ではつぎのような項目が説明されている．

第1章「整数」

ユークリッドの互除法，剰余類，巡回群，群の同型，部分群，群の直積，既約剰余類群，既約剰余類群の構造分析，原始根で生成，原始根の存在証明，$(Z/pZ)^*$ の構造

第2章「群」

二面体群，一般の剰余群，$S(P_6)$，準同型写像，第2同型定理，第3同型定理，対称群 S_n，可解群

第3章「多項式」

対称式，既約多項式，多項式の合同式，$Q[x]/(f(x))$

第4章「複素数」

複素数，複素平面，1の n 乗根，円分多項式，代数学の基本定理，$\Phi(x)$ の既約性の証明

第5章「体と自己同型写像」

$Q(\sqrt{3})$ の対称性，$Q[x]/(f(x)) \cong Q(\alpha)$，$Q(\alpha_1) \cong Q(\alpha_2) \cong \cdots \cong Q(\alpha_n)$，線形代数の補足，最小分解体 $Q(\alpha_1, \alpha_2, \cdots, \alpha_n)$，中間体，$Q(\alpha, \beta)$，ガロア対応，$Q(\alpha_1, \alpha_2, \cdots, \alpha_n) = Q(\theta)$，ガロア拡大体，ガロア対応の証明，中間体がガロア拡大体になる条件

第6章「根号で表す」

円分方程式の可解性，3次方程式の解の公式，ベキ根拡大，4次方程式の解の公式，累巡回拡大体，円分体とガロア群，クンマー拡大，巡回拡大からベキ根拡大へ，ベキ根で解ける方程式

の条件，ガロア群が可解群でない方程式

ガロアの理論を理解するには，ここに書かれている約50個の数学用語と概念を理解しておくことが最低条件である．これらの用語をノートに書きだし，

1. 知っている，
2. 聞いたことがあるがあやふやである，
3. まったく知らない，

の3つに分類して整理しておくと，効率よく勉強できる．知っている用語や概念は斜め読みし，あやふやな用語はしっかり読み，まったく知らない用語は一回で理解しようと思わず，根気よく時間をかけて理解していくという心構えでいくとよい．

この本の特徴は，受験参考書の「チャート式」(数研出版)に見られる黒と赤の二色刷りで，読みやすくなっている．一瞬，高校生でも理解できるのかと錯覚を与えるくらいだが，これはガロア理論の専門書である．

また，練習問題と詳しい答えがついているのも特徴である．自分で計算しながら読み進んでいける．従来の他の本のほとんどは，定義と定理，そして証明がほとんどで，わずかに例題が載っていても詳しい解答がなく読者には不親切なものである．この本はそのスタイルを完全に打ち砕いていて，最初から最後まで，具体的な問題を解きながらガロアの理論を理解していくという立場が一貫している．高校数学は問題を解くのが仕事，大学数学は証明を考えるのが仕事といわれているが，大学数学も問題を解くというスタイルが保たれているので，高校数学と大学数学のギャップを感じさせない．

私は，この本でガロアの理論をすべて理解したとはいえないが，全体像がつかめたことは大きな成果だった．今後，未消化に終わっている定理を，1つずつ時間をかけて潰していき，理解を深めていくつもりだ．

学生時代に，エヴァリスト・ガロアの伝記を読んで誤魔化していた私に，ガロアの理論そのものにチャレンジする機会を与えてくださった著者に感謝します．ガロアの理論で挫折した人にはお勧めの本だと思います．

西山 豊(にしやま・ゆたか／大阪経済大学)

中国古算書研究会編『岳麓書院蔵秦簡『数』訳注』

A4 判，317 ページ＋写真版 29 ページ，本体 16000 円，朋友書店，秦漢出土古算書訳注叢書 2，2016 年 11 月，ISBN 978-4-89281-156-2

秦漢出土古算書訳注叢書の第 2 巻である本書に先立つ第 1 巻は『漢簡『算数書』――中国最古の数学書』と題されて出版されている．『漢簡『算数書』――中国最古の数学書』が出版された 2006 年には，湖北省江陵県張家山の前漢墓より出土した『算数書』が最古の数学書であった．その後，2007 年に湖南大学岳麓書院が 2100 枚の竹簡(少数の木簡を含む)を香港で購入し，その中に『数』と題する竹簡が含まれていた．この竹簡にはその他に『秦律雑抄』『秦令雑抄』などが含まれ，さらなる考証によって秦代の竹簡であると考えられている．この竹簡は中国本土の墳墓から盗掘されたものであり，購入時には竹簡は 8 個にまとめられていたが，出土の状況は分からず，『数』はこの 8 個の中の 7 個に散在していて，竹簡の順序は全く分からない状態になっていた．またその後，同時に出土したと考えられる 76 枚の竹簡が香港のコレクターから岳麓書院に寄贈された．

一方，2006 年 11 月に湖北省雲夢県の鉄道工事に伴って睡虎地 77 号漢墓が発見され，その中から大量の竹簡が発見された．竹簡は比較的原形をとどめた形で発見され，その中に『算術』と題する数学書(竹簡 216 点)が含まれていた．さらに 2010 年 1 月には盗掘された秦代の簡牘《かんとく》[*1]が香港で買い戻され北京大学に寄贈された．その中に数学関係の竹簡が多数含まれており，『算書』甲・乙・丙篇と分類されている．

このように，新たに数学関係の古い文献が発見され，その研究は中国古代の数学の進展の様子を知るのに重要な働きをすると思われる．つい最近まで中国数学は『九章算術』から記述されるのが常であった．『九章算術』は既に完成された形で伝わっており，それ以前の数学がどのようであったかは大変興味あることである．『算数書』の発見によって『九章算術』以前の数学の本格的な研究が始まったばかりであったが，今後研究はこれらの新しい文献の研究やさらなる文献の発見によって加速されることが期待されている．

こうした数学関係の簡牘《かんとく》の研究には数学，数学史の研究者だけでなく，中国古代史，中国古文字，簡牘の研究者と共同で総合的に研究することが求められる．この点で本書の著者である中国古算書研究会はそうした配慮がなされ，理想的な研究会となっている．この研究会による最初の注釈書『漢簡『算数書』――中国最古の数学書』によって『九章算術』の解釈を修正すべき箇所があることが既に指摘されていた．一方，『算数書』で解釈が困難なところも残っており，岳麓書院蔵秦簡『数』の発見によって解釈が可能になった部分も出てきた．『数』で解釈が難しいところも，雲夢睡虎地漢墓竹簡『算術』や北京大学蔵『算書』の研究によってさらなる進展が期待されよう．

さて，本書の註釈対象である岳麓書院蔵秦簡『数』は既に述べたように発掘状態が分からず，竹簡の配列が最初の難問となる．『算数書』の場合は，発掘状況が分かり，発掘されたときの竹簡の状態が記録されていたので，その復元はある程度可能であった．そうはいっても，竹簡を結んでいた糸は朽ちて残っておらず，一部の竹簡は移動してしまっていると考えられ，発掘されたときの状態だけで竹簡の順序を完全に決めることは不可能であった．その経緯は『漢簡『算数書』――中国最古の数学書』に詳述されている．中国の研究者は伝統の強い力が働いて，どうしても『九章算術』を中心にして考えてしまう．岳麓書院蔵秦簡『数』を整理した中国の研究者は，竹簡の中に「衰分《しぶん》之術」「少広」，「贏《えい》不足」など『九章算術』に見られる用語があることから，『九章算術』の

*1　簡は竹の札，牘は木の札のことで，紙がない時代に竹や木に文字を書き付けた．竹の札に記したものを竹簡，木の札に記したものを木簡と呼ぶ．

章立てを参考にして竹簡を配列した．一方，本書は『算術書』の方が年代的に『数』に近いこともあり，『算術書』の配列法を参考にして配列を考えている．こちらの方が，原文に近いと考えられる．しかし，断片しか残っていない竹簡を完全に並べることは難しく，当然のことながら疑問の箇所が残っている．しかし，配列に関する基本的な考え方はこれからも本書が指導的な役割を果たすと思われる．

例えば，『数』という本のタイトルが記された竹簡を，中国の研究者は一番先頭に置いた．実際に竹簡に糸を通して使うとすると，タイトルが記された竹簡は最初か最後に置かれることになる．そのためにはタイトルが書かれた竹簡に記された数学的な内容を吟味する必要がある．後述するように，中国古算書研究会の研究で，その竹簡に記された文章が問題の解答の部分であり，先頭に配置することは無理であることが判明した．

本書に記された『数』の内容を簡単に見ておこう．本書では全体を次のように 11 部に分けている．1. 少広類，2. 面積類，3. 体積類，4. 穀物換算類，5. 織物類，6. 租税類，7. 盈不足類，8. 衰分類，9. 諸規定類類，10. 公式類，11. その他(『算数書』に見えないもの)および最末尾の簡．

少広は『九章算術』では第 4 章になっている．少広の広とは長方形の横の辺をいい，面積が一定の長方形の横の辺の長さが与えられたときに縦の辺を求める問題である．実際には横の長さが

$$1+\frac{1}{2}+\frac{1}{3}+\cdots+\frac{1}{n}$$

で与えられたときに縦の長さを求める問題で，分数の割り算を，長方形の面積と分数に適当な数を掛けて，整数の割り算に帰着させて解いている．『数』では $n=10$ までの場合が問題として与えられているが，3, 6, 9 の場合は与えられていない．本来無かったのか，それとも竹簡が失われたのかはよく分からない．さらに，こうした割り算で解くことのできる問題が考察されている．『数』冒頭を飾る問題は次のようなものである．以下『数』の本文の字体は現行の字体に改め，また読み下し文は一部改めて引用した．

【1-1】 少広。下有半、以為二、半為一、同之三、以為法。赤[*2]〈亦〉直(置)二百卌[*3](四十)歩、亦以一為二、為四百八十歩。除、如法得一歩。為従(縦)百六十。

少広。下に半有れば、(一を)以て二と為し、半を一と為し、之を同《あわ》せて三、以て法と為す。亦《ま》た二百四十歩を置いて、亦《ま》た一を以て二と為し、四百八十歩と為す。除すること、法の如くして一歩を得、縦百六十と為す。(p. 2)

この文章だけでは問題として不完全であること，最後の「百六十」が竹簡の最後に記されているので，続きがあり，それが失われたと考えられる．そこには，上の文章に続けて「歩成一畝」あるいは「歩成田一畝」と続き，さらに検算が記されていたのではと著者達は推測している．

問題は 1 畝 $=240$(平方)歩の田があり，横の長さが $\left(1+\frac{1}{2}\right)$ 歩のとき $240\div\left(1+\frac{1}{2}\right)$ を計算する問題である．実際には除数，被除数を 2 倍して $480\div 3$ として計算するように記されている．最後の「除、如法得一歩」が割り算を意味する．本書 p. 3 で『数』少広類では割り算で「除」または「除之」が「如法得」の前に使われており，『算数書』では最初の一題だけで他は省略されており，『九章算術』では「実如法得一」が使われていると指摘されている．『九章算術』第 3 章「衰分」問題 1 では「實如法得一鹿」，問題 33 では「実如法得一銭」と単位をつけて使われており，問題 37 では「実如法得一」と単位をつけずに使われている．また『九章算術』第 3 章「衰分」冒頭の説明では通常割り算で使われる「実如法而一」が使われている．『九章算術』の成り立ちを知る上でも興味深い指摘である．『数』中には割り算に関する種々の表現を見出すことができる．割り算の表現に関してはさらに議論が深められることを期待したい．

2. 面積類では正方形，長方形，台形，円など

＊2 赤は亦の誤記と解釈する．以下の（　）は，直は現在の置の意味で使われていることを示す．以下の『数』の本文の引用では（　）は同様の意味で使う．

＊3 元の字は卅と同様に一に四本縦棒を描いてできる四十の略字．

の面積が扱われている．面積は『九章算術』では第１章「方田」で扱われている．少広が分数の割り算を扱っているのに対して，ここでは分数の掛け算を取り扱っているということもできる．

【2-5】　田広六歩半歩四分歩三、従(縦)七歩大半歩五分歩三、成田五十九歩有[*4](又)十五分歩之十四。
田の広六歩半歩四分歩の三、縦七歩大半歩五分の三、田を成すこと五十九歩又《ま》た十五分歩の十四。（p. 29）

文中の大半歩は $\frac{2}{3}$ 歩を意味する．この問題は横が $\left(6+\frac{1}{2}+\frac{3}{4}\right)$ 歩，縦 $\left(7+\frac{2}{3}+\frac{3}{5}\right)$ 歩の長方形の田の面積が $59\frac{14}{15}$ 歩であることを主張している．分数の掛け算の方法は文中には記されていない．恐らく口頭で教えられていたのであろう．

3．体積類では直方体，錐や錐台の体積だけでなく，土木事業と関係して等脚台形柱やそれを上から下へ斜めに等分した図形の体積を考察している．『九章算術』では第５章「商功」で扱われている．

4．穀物換算類ではさまざまな穀物の換算率をもとにした問題が取り扱われている．本書 p. 95 で『九章算術』およびそれ以前の数学書および説文解字の換算率の表が与えられているが，対応する穀物が記されている部分では換算率はすべて等しいことが分かる．対応する問題は『九章算術』では第２章「粟米」，第３章「衰分」で取り扱われている．「衰分」の問題の解き方は『九章算術』とは異なることが p. 97 に指摘されている．

5．織物類は織物に関する問題であり，『九章算術』の第３章「衰分」に対応する問題がある．また次の問題は「述曰各直一日織」以下の竹簡が失われているが，『算術書』に全く同じ問題がある．

【5-2】　有婦三人。長者一日織五十尺。中者二日織五十尺。少者三日織五十尺。今威(織)有攻(功)五十尺。問各受幾可(何)。曰、長者受廿七尺十一分尺三、中者受十三尺十一分尺七、少者受九尺十一分尺一。述(術)曰、各直(置)一日織(以下竹簡無し)
婦三人有り。長者は一日にして織ること五十尺。中者は二日にして織ること五十尺。少者は三日にして織ること五十尺。今織るに、功五十尺有り。問う、各《おのおの》受くること幾何《いくばく》ぞ。曰く、長者は二十七尺十一分尺の三を受け、中者は十三尺十一分尺の七を受け、少者は九尺十一分尺の一を受く。術に曰く、各《おのおの》一日の織る所を置き・・・　　（p. 120）

術に「各置一日所織」とあるので，長者，中者，少者が１日に織る尺数の比 $50:\frac{50}{2}:\frac{50}{3}$ で織った布 50 尺を配分する問題である．

6．租税類は『算術書』にはあるが『九章算術』では取り扱われていない．しかも他の分野と較べて問題数も多い．このことが『数』の持つ特質を表していると考えられ，本書の持ち主は租税関係の役人であった可能性が考えられる．大変興味深いのは，間違って課税したときの問題が取り上げられていることである．『算数書』にも類似の問題が一問ある．

【6-6】　禾兌(税)田卌(四十)歩、五歩一斗、租八斗。今誤券九斗、問幾可(何)歩一斗。得曰、四歩九分歩四而一斗。述(術)曰、兌(税)田為実。九斗為法、除。実如法一歩。
禾の税田四十歩、五歩にして一斗なれば、租八斗。今誤りて九斗と券す。幾何《いくばく》歩にして一歩になるかを問う。得て曰く、四歩九分歩の四にして一斗。術に曰く、税田を実と為す。九斗を法と為して除す。実、法の如くして一歩。（p. 138）

誤った税は何歩に対して１斗と課税したことになるかを問う問題である．間違い自体は簡単であるのでこうした問題にしたと思われる．文中の「券」は『算術書』では券書と名詞と捉えていたが，『算』の出現によって「券」には動詞として使われる場合があることが判明した．このことは

＊4　この部分に記された字は読むことができないが，他の例から考えて有の字である可能性が大である．

巻末の「岳麓書院蔵『数』における文字と用語」で詳しく論じられている．また，割り算がここでは「除、実如法一歩」と表現されている．

7．盈不足類では盈不足（過不足算）に関係することが取り扱われている．また『数』では「盈不足」ではなく「贏《えい》不足」が用いられている．盈不足類の最初の問題は，最後の術文を載せた竹簡が失われているが『算数書』の類題によって補うことができる．補った部分を〈　〉で囲って，盈不足類の最初の問題を記そう．

【7-1】　贏不足。三人共以五銭市。今欲賞（償）之。問人之出幾可（何）銭。得曰、人出一銭三分銭二。其述（術）曰、以贏不足互乗母、〈并以為実。同贏不足以為法。実如法得一銭〉。
贏《えい》不足。三人共に五銭を以て市《か》う。今、之を償わんと欲す。人の銭幾何《いくばく》銭を出すかを問う。得て曰く、人一銭三分銭の二を出す。其の術に曰く、贏不足を以て互いに母を乗じ、〈并《あわ》せて以て実と為す。贏《えい》不足を同《あわ》せて以て法と為す。実、法の如くして一銭を得〉。（p. 184，185）

3人で併せて5銭を出して商売をしようとしたとき1人いくら出せばよいかという問題で，$\dfrac{5}{3}$銭出せばよいことはすぐ分かるが，ここでは過不足算を使って答を求めている．本書 p. 185 の説明を借用する．1人 a 銭出せば m 銭足りず，1人 b 銭出せば n 銭余るとする．このとき

	置算	→	互乗	→	加算
上	$a\quad b$		$an\quad bm$		$an+bm$
下	$m\quad n$		$m\quad n$		$m+n$

を作ると $\dfrac{an+bm}{m+n}$ が求める答である．例えば $a=2$ とすると $m=-1$（1銭余るので（−1）銭足りない），$b=3$ とすると $n=4$．したがって $\dfrac{2\times4+3\times(-1)}{-1+4}=\dfrac{5}{3}$ 銭である．これは簡単すぎるかもしれないが，もっと複雑な問題が以下では考察され，4番目の問題では3元1次不定方程式

$$a+b+c=10$$

$$\frac{9}{10}a+\frac{7}{10}b+\frac{5}{10}c=8$$

に帰着される問題が過不足算の考え方を使って解かれている．ただし一組の解しか与えられていない．3元1次不定方程式は4世紀頃に著されたと考えられる『張邱建算経《ちょうきゅうけんさんけい》』にその後初めて現れ，すべての解が与えられている．その源流が既に秦代にあったことが明らかになった．

8．衰分は比例配分の問題である．

【8-4】　卒百人、戟十、弩五、負三。問得各幾可（何）。得曰、戟五十五人十八分人十、弩廿七人十八分人十四、負十六人十八分人十二。其述（術）曰、同戟、弩、負数、以為法。即置戟十、以百乗之、以為実。＝（実）如法得得一戟。負、弩如此然。
卒百人、戟十、弩五、負三たり。各幾何《おのおのいかばく》を得るぞと問う。得て曰く、戟は五十五人十八分の十、弩は二十七人十八分の十四、負は十六人十八分の十二。其の術に曰く、戟、弩、負の数を同《あわ》せて以て法と為す。即ち戟十を置き、百を以て之に乗じ、以て実と為す。実、法の如くして一戟を得。負、弩も此《かく》の如く然り。（p. 207）

戟，弩は武器であるが，負が何であるかは不明である．負は箙《えびら》であるとする説がある．戟，弩，負を持つ兵卒を 10：5：3 に分けるとそれぞれ何人ずつになるかという問題である．答は分数になるので，これは実用的な問題というよりは練習のための問題であると考えられる．

9．諸規定類は単位の換算であり，10．公式類は主として簡単な分数計算が記されている．最後の 11．その他は『算数書』には類題が見えない問題が集められている．その中の問題【11-4】は『九章算術』の第9章「句股」の第9番目の問題と類似の問題である．『九章算術』では三平方の定理を使って問題を解いている．『数』では数値解法は与えられているが，その数学的な根拠には触れていない．本書の著者達は，『数』にも『算数書』にも三平方の定理が登場しないだけでなく，開平計算が無いことなどから，『数』と『算数書』の著者は三平方の定理を知らなかったのではと推測している．この問題は相似を使えば解くことができる．三平方の定理と相似概念とどちらが先に中国数学で発見されたかは興味深い問題である．また，問題【11-1】は和算でよく扱われた

問題と類似の問題である．

そして最後に裏にタイトル「数」が記された竹簡の解読が与えられている．

> 【11-5】 為実。以所得禾斤数為法。如法一歩。
> を実と為す。得る所の禾の斤数を以て法と為す。法の如くして一歩。(p. 251)

この文章は明らかに前の竹簡の文章からの続きであることが分かる．したがってこの竹簡が一番最初ではなく，一番最後でなくてはならない．

以上簡単に内容を見てきたが，ほとんどの問題が分数の計算と関係していることが見て取れる．さまざまな単位が歴史的な条件によって決まり，そのため 10 進法の小数を使うよりも分数の方が分かりやすいが，一方そのために分数の計算をマスターする必要があった．また，『算数書』の場合と違って，ほとんどの本文が完全な形で残されていないために解読は容易でなかったことも分かる．使われている漢字の当時の意味を知るためには，本書の著者が試みているように秦，漢の簡牘《かんとく》に記された数学以外の文章をも参照する必要がある．秦，漢の漢字の用法を網羅した辞典が必要となるが，それは今後の課題である．本書では『数』で使われた主要な用語の索引が与えられており，さらに研究会のメンバーであった故田村三郎氏による主要な数学用語の『九章算術』『算数書』『数』『孫子算経』での用例が，使われている箇所を網羅した形で記されていて大変便利である．この二つの索引集を充実させていくことは，今後の中国古典数学史の研究に多大な貢献をすることになるであろう．本書および前著『漢簡『算数書』――中国最古の数学書』は今後の『九章算術』およびその前史研究の基礎となるものである．雲夢睡虎地漢簡『算術』と北京大学蔵『算書』甲・乙・丙篇の精密な解読も中国古典書研究会によって完成され，本書のシリーズの第 3 巻，第 4 巻として発表されることを期待したい．

なお，本書には竹簡の鮮明な写真が写真版として付属している．竹簡の写真と較べながら本文を読めば一段と興味が湧くであろう．本書を数学史に興味がある方のみならず，算数・数学教育関係者に広く推薦したい．古人が分数とどう向き合ってきたか，その難しさが実感されよう．また，中国古典の研究者にも本書をひもといてほしいと切に希望する．諸橋轍次の『大漢和辞典』でさえも数学関係の用語は貧弱であり，その解釈も用例の引用も不完全である．内容が数学であるというだけで敬遠されがちであるが，数学書の中で使われている用例はむしろ社会生活に関係している場合が多い．本書の成果が示すように，研究分野を超えた交流がこれからさらに活発になることを期待したい．

上野健爾（うえの・けんじ／四日市大学関孝和数学研究所）

沓掛良彦訳『ギリシア詞華集 4』

B6判，653ページ，本体4900円，京都大学学術出版会，西洋古典叢書，2017年2月，ISBN 978-4-8140-0035-7

老後は読書をして暮らそうと思い，京都大学学術出版会から刊行されている西洋古典叢書を継続して購入しているのだが，最近は老後にそんな気になれるかどうか不安になってきた．

ある日の午後のこと，愛らしいメネクラティスが，
身を横たえ，肘を曲げこめかみに当てた姿で眠っていた．
（『ギリシア詞華集 1』294ページ）

などというものを読んでも仕方がないような気がしたのだ．そこで，中途半端なことではあるが購読をやめようかと思案していたところ，本書が配本されてきた．

『ギリシア詞華集』は紀元前7世紀から紀元後10世紀に至る1700年間の間に蓄積された300名を超える詩人による寸鉄詩（エピグラム）集で，およそ4500編の短詩が収められている．全16巻が4分冊にわけられて翻訳され，今回その最終巻が完成したわけである．

本書に含まれる第14巻は「算術問題集，謎々，神託など」となっている．ちなみに，本訳書は全体で653ページあるが，第14巻はそのうちの175ページから282ページまでの108ページ，数学関係の部分はさらにそのうちの36ページにすぎない．残りの大半はいわゆる寸鉄詩（エピグラム）である．評者には本書の大半をしめる数学関係以外のものについては書評をする能力がないから，ここでは数学に関係した部分についてのみ書いてみたい．

寸鉄詩集に算術問題が含まれているのは一見不可解であるが，要するに問題や答えが詩の形を取っているということである．このような詩の形式で数学を記述することはインドや中国の数学にも見られることである．

算術問題は全部で44問ある．具体的には第1問〜第4問，第6問〜第7問，第11問〜第13問，第48問〜第51問，第116問〜第146問である．何はともあれ，最初の第1問（180ページ）を見てみよう．

問題　　　　　　ソクラテス

ポリュクラテスが問う

幸福なるピュタゴラスよ，ヘリコンの詩女神《ムーサ》らの若芽よ，
わしの問いに答えてくれ，おんみの館でいかほどの数の者らが，
立派に知を競っているかを．

ピュタゴラスの答え

ではお答えしましょう，ポリュクラテス様，半数の者たちは
うるわしい数学の勉強をしております．四分の一の者たちは
不死なる本性の研究に励んでおります．七分の一の者たちは
全き沈黙と，内心の不滅のことばに専念しております．
それに女性が三人，中でもとりわけすぐれているのがテアノ．
私が導いているピエリアの女神らの声の伝え手はこれだけでございます．

総人数を S とすれば，

$$\frac{1}{2}S+\frac{1}{4}S+\frac{1}{7}S+3=S$$

であるから，$S=28$（人）となる．もっとも，当時このような式を書いて計算したわけではない．

ポリュクラテスはサモス島の僭主で，ピュタゴラスに質問したわけであるが，ピュタゴラスの答えがまた問題になっているのは不思議なことであ

る．しかし，さらに興味を引くのは，この詩を書いたのがソクラテスということだ．もっとも，このソクラテスはあの弁明をしたソクラテスかどうかはわからず，正体不明の人物である．また，数学を勉強をしている者は全体の半分，14 名となるが，ペイトン(ロウブ版の英訳者)はこの「数学」は実は「文学」だと言う．そうだとすると，いささかがっかりだ．ちなみに「不死なる本性の研究」とは医学の研究，「全き沈黙と，内心の不滅のことばに専念」とは哲学の研究のことである．

第 2 問，第 3 問，第 4 問もこの型の問題である．ここで「型」といったのは，第 2 問ではパラスの像のために寄進された黄金の量，第 3 問では愛神が持っていたリンゴの数，第 3 問では牛の頭数というように，問題の見た目は全く異なるけれども，同じ原理で計算できるからである．これらはいずれも簡単な 1 次方程式にすぎないが，古代には方程式自身が研究の対象とはならなかったから，このように同型の問題を列挙することで，問題の本質を捉えようとしていたのである．

このように本書は古代に思いを馳せるという意味でも楽しめるのだが，実はもっと異なる意味で本書は楽しめるのである．本書には原文の意味が不明なもの，解釈がわかれるもの，訳者の解説がよくわからないものなどが含まれる．少しばかり，そのような問題を取り上げてみよう．

第 6 問は問題の意味も訳者の解答(解説)もわかりにくい問題である．

——立派な時計よ，朝方からどれほどの時間が過ぎたのかね？
——過ぎ去った時間の三分の二の倍の時間がまだ残っています．

これに対して訳者の解答は「$5\frac{1}{7}$ の時間が過ぎ，$6\frac{6}{7}$ の時間が残っていることを言う」となっている．解答をから推測すると，この問題は経過時間を x，残り時間を $12-x$ とするとき，$12-x=\frac{4}{3}x$ を解く問題に見えるが，なぜ 12 が出てくるのか説明がほしいところだ．ちなみに脚注の「一ムナは六〇〇ドラクマに相当する」は「一ムナは一〇〇ドラクマに相当する」の誤植である．

第 11 問も同様である．

わたしは所有するスタテル金貨千枚を，
二人の子に受け取ってもらいたいが，
嫡子にわたる分の五番目の部分が，庶子が受け取る分の四分の
十だけ多くなるようにしてもらいたい．

訳者の解答は「嫡子は $577\frac{7}{9}$，庶子は $422\frac{2}{9}$ の割合で受け取る」であるというのだが，よく理解できない．

第 7 問は解釈がわかれる問題である．

わたしは青銅製のライオン像，わたしの両の眼と
口と右足とから水を吹き出しています．
私の右眼は壺を一杯にするのに二日かかり，
左眼は三日，足は四日かかります．
私の口は六時間でそれを一杯にできます．
口と眼と足と全部が一緒だったら，どれほど時間がかかるでしょう？

これは右眼，左眼，足，口から 1 日に吹き出す量を順に x, y, z, w，壺の体積を V とすれば，1 日を 24 時間として，

$$V=2x=3y=4z=\frac{1}{4}w$$

であるから，水の出口を全部合わせると，1 日に吹き出す量は

$$\frac{V}{2}+\frac{V}{3}+\frac{V}{4}+4V=\frac{61}{12}V$$

である．よって壺を一杯にするまでにかかる時間は $V\div\frac{61V}{12}=\frac{12}{61}$ (日)である．これは $24\times\frac{12}{61}=4\frac{44}{61}$ 時間である．

訳者の解答には「答えは二通り出されており，$3\frac{33}{37}$ 時間とするものと $3\frac{44}{61}$ 時間とするものとがある」とある．後者は $4\frac{44}{61}$ の誤植であろうが，前者はよくわからない．第 6 問の訳者の解答を勘

案して1日を12時間として(つまり，$V=\frac{1}{2}w$ として)計算してみると，答えは $3\frac{33}{37}$ となる．これら二案は誰が提出した解答なのか言及がないから，確認のしようがないのが残念なところである．

第12問は問題と答えはわかるが，訳者の解答がよくわからない問題である．

クロイソス王が全部で六ムナになる酒杯を奉納した，
それぞれの酒杯が他のものよりも1ドラクマずつ重いものを．

訳者の解答としては6個の酒杯が97.5, 98.5, 99.5, 100.5, 101.5, 102.5で合計600ドラクマ(＝6ムナ)であるとする．しかし，これは酒杯の個数が問題文にないから不定方程式である．実際，一番軽いものを x ドラクマとして，$k+1$ 個の酒杯があるとすると，$\sum_{i=0}^{k}(x+i)=600$ より x を求めると

$$x=\frac{600}{k+1}-\frac{k}{2}$$

である．訳者の解答は $k=5$ の場合である．古代には不定方程式と言っても解を一つだけ求めることが普通だったから，一つの解が求まればよいのだが，なぜ $k=5$ (つまり酒杯が6個)とするのか解説がほしいところである．

第48問も同様である．

典雅女神《カリス》たちが三人，同じ数の林檎がいっぱい入った籠を提げていました．
九人の詩女神《ムーサ》たちが彼女たちに遭って，林檎をくれと言いました．
典雅女神たちは詩女神たちに，三人が同じ数の林檎をあげました．
九人の詩女神がそれぞれ貰った数と，三人の典雅女神たちの手もとに残った数は同じです．
詩女神たちが何個ずつ貰ったか言いなさい．

解説の解答は「3個ずつである」となっている．しかしこれも不定方程式である．籠に林檎 x 個入っていて，各典雅女神が $3y$ 個を出したとすると(つまり詩女神が y 個受け取ったとすると)，$x-3y=y$ であるから，$x=4y$ である．$y=3$ とすると $x=12$ となる．これが解説の解答であるが，$y=2$ なら $x=8$ である．しょせん不定方程式だから，解は無数にあるわけである．

第50問はおそらく原文の意味が不明で，諸説ある問題である．

銀細工師よ，この鉢にその重さの三分の一と，
その四分の一と十二分の一を放り込み，
それを炉に入れてかき混ぜ，インゴットを造ってくれ．
重さが1ムナになるようにせよ．

訳文の意味がよくわからないが，たしかに原文にはそう書かれているのであろう．これに対して訳者による注釈には，本問は「溶かした鉢の重さを問う問題」として，解答としてペイトンによる3/5ムナ，ヴァルツによる1/2ムナ，メツィリアク・ツィルケルによる3/2ムナを挙げている．素朴に問題を読むと，壺の重さを x として，

$$x+\frac{1}{3}x+\frac{1}{4}x+\frac{1}{12}x=1$$

より $x=\frac{3}{5}$ となるが，なぜ諸説あるのであろうか．この問題を考えてみようと思う読者はまず原文を読まなければならないのであろうが，だれもがそうできるわけではない．そこで，少なくともこれらの説がどのような根拠をもって述べられているのか読みたいが，それが書かれていないのはいかにも不親切である．

第116問～第146問は「メトロドロスの問題集」と呼ばれる部分で，次の第126問はつとに有名である．

この墓に眠るはディオパンテス．ああ，なんという大きな驚きだ．
墓は彼の生きた期間を数学的に告げているではないか．
神は彼の生涯の六分の一を少年として過ごさせたまい，加えて
その十二分の一を頬にうっすらと髭が生える齢となさった．

> 七分の一を過ぎた歳に婚礼の灯をともしてやり，
> 結婚から五年目に子供を授けられた．
> ああ，遅く生まれた哀れな子よ，
> 冷酷な運命が父親の半分の齢で命を奪った．
> 悲しみを癒そうとして，父は4年の間数学に没頭し，
> 命が果てるのを待ち受けたのだった．

ディオパンテスの寿命を x 年とすると，

$$\frac{1}{6}x+\frac{1}{12}x+\frac{1}{7}x+5+\frac{1}{2}x+4=x$$

であるから，これを解けば $x=84$ となる．

きりがないが，もう一問だけ取り上げておこう．第130問は

> 四つの泉があって，一つ目は一日で水槽を一杯にし，
> 二つ目は二日間で，三つ目は三日間で，四つ目は四日間で一杯にします．
> 全部一緒だと，どれくらい時間がかかるでしょう？

という問題で，先に上げた第7問と同様の問題である．i 個目の泉の1日当たりの湧出量を x_i，水槽の容積を V とすると

$$V=1x_1=2x_2=3x_3=4x_4$$

であるから，全部合わせたときの1日当たりの湧出量は $x_1+x_2+x_3+x_4=\frac{25}{12}V$ である．よって水槽が一杯になるまでの時間は $V\div\frac{25}{12}V=\frac{12}{25}$（日）である．これは1日を24時間とすれば $11\frac{13}{25}$ 時間，1日を12時間とすれば $5\frac{19}{25}$ 時間である．訳者の解答には

> $1+\frac{1}{2}+\frac{1}{3}+\frac{1}{4}=\frac{25}{12}$ であるから，一日の $\frac{25}{12}$ 時間かかるということになる（ヴァルツの解答）．これに対してペイトン，ベックビイは一日の $\frac{25}{12}$ としており，いずれが正解か訳者にはわからない．

となっている．私にはどちらも理解できない．

Heath の *A History of Greek Mathematics*, Dover Revised, 1981 などをはじめとするギリシア数学史の本をみれば，随分解決するのかも知れない．訳者が参照したペイトン，ヴァルツ，メツィリアク・ツィルケルなどはギリシア数学史の専門書を参照していると思うのだが，どうなのであろうか．書評者が調べてから書け，と言われればそれまでであるが，興味を持った読者にはいちいち調べていただきたい．

とにもかくにも一人で膨大な原書すべてを翻訳した成果はきわめて大きいと言わねばならない．訳者自身，当初は「果たして全訳することの意味があるかどうかを疑わしく思っていた」（あとがき，635ページ）というのであるから，なおさらである．上にいくつか見たように，数学関係の部分には不明瞭な部分が多々ある．数学，数学史関係は訳者の守備範囲外であったのであろう．しかし，これら不明瞭が点が読者からの指摘によって修正されれば，一層完備した翻訳となることは疑いがない．訳者にとって数学関係の部分は関心の薄いところであろうが，本誌の読者にとってはその逆である．読者が翻訳の質の向上に貢献できるのは幸せなことと言わねばならない．もっとも改訂版が出る可能性があるかどうかは疑わしいのだが．

ところで訳者による「概観」には

> これらの算数の問題には，わが国の江戸時代の実用和算書『塵劫記』，とりわけその中の「新編塵劫記三」に似たところがあるので，それと読み比べると面白いであろう．問題の立て方や，配分率の問題，容積を問う問題など両者に共通したところもあり，比較するに値すると思われる．

とある（178ページ）．しかしこれは首肯し難い．『塵劫記』は中国から舶載した『算法統宗』に基づいているのであるから，まず比較すべきは中国の数学とである．また，なぜ寛永18年版の『新編塵劫記』と比較すべきなのか理解に苦しむところである．一言付け加えておく．

小川 束（おがわ・つかね／四日市大学）

和は羽州街道を城下へ向かって急いだ。藩の処刑場の近くを通っていることにも気付かなかった。草生津川《くそうづ》にかかる面影橋を渡ってしばらく行くと、日吉八幡神社に着いた。

ここも本殿の建物は新しかったが、大火で類焼したので再建したのだという。朱塗りの三重塔まであり、ここを鎮守としている城下町の繁栄が想像できた。

算額も母娘の姿も見つからなかった。

（今日はもうここまでだ）

和は城下を目指した。暗くなる前に小太郎が紹介してくれた旅籠に着きたかった。

久保田城下に入った。外町《とまち》とよばれる町人地である。その外町の中にはさらに四十九町があり、家数は千八百軒にもなる。外町の東端には旭川が流れていて、内町《うちまち》とよばれる武家地とを峻別していた。

既に掛け行灯《あんどん》に火がともっている商家があったが、店は開いていて人通りも多かった。

和は通町から大町一丁目の通りへ右折した。間口《まぐち》八間あるいは四間の、町屋作りの二階家が、はるか先まで左右に整然と並んでいる。また、町と町の区切りには二本柱に棟木《むなぎ》を渡した門があり、江戸に戻ったような気がした。

大町を抜けると本町で、その先が鍛冶町、突き当りが馬口労町だった。

馬口労町は、町名の通り運搬用の馬を飼っている人たちが多かったが、城下町の南口でもあり旅籠も多かった。小太郎が紹介してくれたのは、その中の一軒だが……。

「あ、越後屋が本当にあった」

なくても驚かない覚悟はできていたが、実際に見つかったら、思わず声が出た。

ちょうど夕暮れ時で、どの旅籠も客引きをしている。和の目の前で旅人が一人、越後屋の女中に連れ込まれた。

今度は別の女中が出てきた……と思ったが、涼しそうな上布《じょうふ》を着ていた。古四王神社で目の不自由な娘の手を引いていた母親だった。

向こうも和を見て、あっと思ったらしい。

こちらも、あっという顔をしただろう。

が、次の瞬間、二人とも同時に笑顔になって、会釈を交わしていた。

［了］

（なるみ・ふう／作家）
（たかやま・けんた／画家）

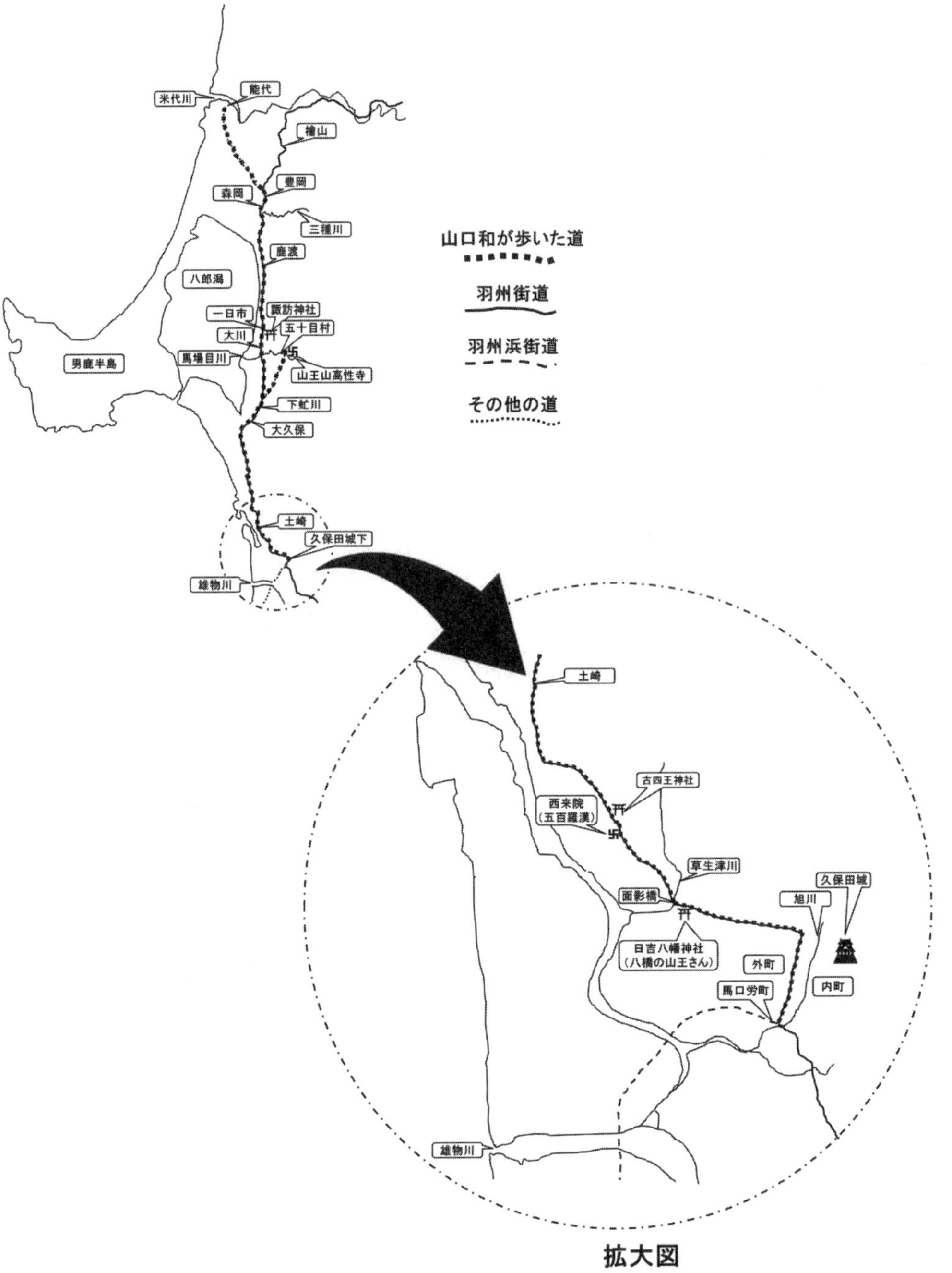
米代川
能代
檜山
豊岡
森岡
三種川
鹿渡
八郎潟
一日市
諏訪神社
五十目村
大川
馬場目川
山王山高性寺
男鹿半島
下虻川
大久保
土崎
久保田城下
雄物川
山口和が歩いた道
羽州街道
羽州浜街道
その他の道
土崎
古四王神社
西来院
(五百羅漢)
草生津川
久保田城
旭川
面影橋
日吉八幡神社
(八橋の山王さん)
外町
馬口労町
内町
雄物川
拡大図

山口和が歩いた道

「この算額を写される方は、ときどきいらっしゃいます。時間がかかって大変だなと思いまして……」

書写を始めたときから見られていたとは、気付かなかった。

「ありがとうございます」

和はお辞儀をして、お盆の上の白い茶碗に手をのばした。

「算額をご存知とは心強い。この近くにも算額のある神社かお寺はありますか」

「さあ、聞いたことはありません」

「そうですか。それなら、これから久保田のご城下まで行きますが、途中、もっとお参りするならどこでしょう」

「五百羅漢《らかん》で有名な西来院《せいらいいん》がすぐ先にあります。半里ほど街道を進めば、ご城下の鎮守さま、日吉《ひえ》八幡神社《はちまんじんじゃ》があります。八橋《やばせ》の山王さんといえばすぐわかります」

「そこもお参りすることにします。ところで、社殿をめぐりながら参拝している人がいますが、あの人たちは何を唱えているのですか」

来たときから不思議に思っていたことを聞いてみた。

「ここは昔から眼病にご利益《りやく》があると伝えられていて、平癒を願う人たちは、釈薬毘文《しゃくやくびもん》を唱えながらお参りしています」

「しゃくやくびもん?」

「はい。釈迦《しゃか》如来《にょらい》、薬師《やくし》如来、毘沙門天《びしゃもんてん》、文殊《もんじゅ》菩薩《ぼさつ》の四仏《しぶつ》のようです」

「古四王神社の古四王とは、その四仏のことですか」

「いいえ。当社の由緒はあまりにも古く、はっきりしたことはわからないのですが、崇神《すじん》天皇《てんのう》の時代、大彦命《おおひこのみこと》が武甕槌神《たけみかづちのかみ》を齶田浦神《あぎたのうらかみ》としてお祀《まつ》りしたのがはじめで、次いで斉明《さいめい》天皇の時代、阿倍比羅夫《あべのひらふ》が、祖先である大彦命を合祀《ごうし》し、以来、古四王神社と呼ぶようになったといわれています」

「とても覚えられない歴史ですね」

「ご祭神《さいじん》は、武甕槌神と大彦命の二柱《ふたはしら》です」

「それだけなら覚えられそうです。ごちそうさまでした」

和は、茶碗を返しながら笑顔でいった。

「おそまつさまでした」

一礼して、巫女は社務所へもどって行ったが、石段をおりて姿が見えなくなるまで、和はその後ろ姿に見惚れていた。

(こちらの気持ちが読める賢い人だった)

見上げると、空が少し暗くなっている。日が暮れかけていた。

和は急いで石段へ向かった。

西来院の伽藍《がらん》は完成してそれほど年月が経っていないようだった。四角い回廊に五百体といわれる羅漢像が並んでいる様子は壮観だった。

算額はどこにも見当たらなかった。そして、算額を探す同じ目で、和は、古四王神社で見かけた母娘の姿も追い求めていた。もし城下に住んでいるのなら、帰りに寄っているような気がしていたからだ。しかし、いなかった。お参りを終えてもう帰ったのだろうか。

ゆっくりしている余裕はなかったし、急げば途中で追いつくかもしれないという思いもあった。

ば、秋田にもひとかどの数学者がいるといってもよいのではないか、と門人らはいいだした。そのような考えから、算額にして後人に示すものである〉

〈旭山は秋田へ来て数学を指導していた！〉

和は問題と解答よりも先に、解いた十六人の名前をざっと眺めた。ほとんどが土崎湊と久保田城下に住んでいる者たちで、みな名前の一字に〈旭〉がついているから明らかに旭山の弟子だ。

和は、末尾の奉納年月日〈文化十四年丁丑《ひのとうし》四月八日〉を見て、また驚いた。

〈一年前だ！　ということは、序文にある昨年の秋とは、二年前のことになる。旭山は、師の会田安明が死ぬ前から、奥州で数学を教える旅に出ていたのか……〉

江戸から遠いとはいっても、さすが二十万石の佐竹久保田藩の城下町と北前船で繁盛している港町である。旭山の評判を聞いて呼び寄せた、裕福な人がいたのかもしれない。

ここまでわかってくると、もうそこつな小太郎を責める気にもなれなかった。

和は、弟子たちの名前を、今度は念入りに読んでみた。

〈きょくさん、と読むのだろうか〉

十番目の問題を解いたのは、土崎湊の飯塚旭簪《きょくさん》である。

〈飯塚旭簪は飯塚弁次のことかもしれないな〉

問題は、直径がわかっている大きな円の中に、大中小（図では甲乙丙）の円合わせて八つが図のように内接されているとき、大円（図では甲円）の直径を求めよ、というものだった。確かに難問だった。

〈弁次さんに会っていたら、数学の話をたくさんできたかも……〉

そこで和は首を振った。

〈いずれにしても、ここでわたしが数学を教える必要はなさそうだ〉

和は算額の書写に取り掛かった。

さきほどの母娘はいなくなったが、社殿をめぐる参拝者は、その後も何人もやってくる。みな同じ文言をご詠歌のように口の中で唱えている。それらの人の中には、目の不自由な人が何人もいた。和は邪魔にならないように社殿に身を寄せて作業を続けた。

ようやく書写が終わり、和は大きく息をはき、思いきり背を伸ばした。

「お疲れ様でした」

いきなり声をかけてきたのは、白い小袖を着、緋の袴をはいた若い巫女だった。

笑顔で差し出してきたのは薄茶だった。

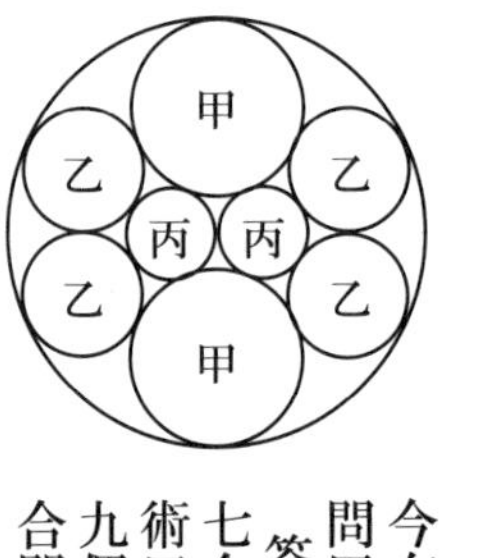

今有如図全円径一十三寸
問甲円径
　答曰甲円径四寸九分〇二
七余
術曰一十七個開平方以減
九個余以全二段除之得径
合問
　　　　湊　飯塚旭簪

飯塚旭簪の算題と解答

手一拝して祈った。
（これでよし、と）
「あ、ごめんなさい」
振り向いた和にぶつかりそうになって謝ったのは、上等な薄物《うすもの》を着た中年の女だった。
女は娘の手を引いている。娘は鮮やかな柄の絹織物を着ていたが、妙な方向に頭を下げている様子から、目が不自由なのがわかった。
「こちらこそ気が付かないで……」
和は二人にお祈りをする場所をゆずった。
（母娘《おやこ》だな）
母親も美しい人だったが、十代半ばくらいの娘の、見えていない両目の黒さと対照的な肌の白さが印象に残った。
算額はすぐに見つかった。大きくて、彩色された図形も多かったからだ。
「図形が十六もある」
和は思わずつぶやいた。
秋田に入ってから今日まで、あまり多くの数学者と出会っていなかったし、算額は一つも見ていなかったので、これは驚きだった。
和は食い入るように額面を見つめた。
序文は仙台の斎藤旭山が書いていた。
それは、次のような意味だった。
〈昨年の秋、たまたま土崎に滞在して門人らと算法を論じているときに、十六もの難問が出てきた。もしそれらを解くことができれ

「飯塚先生のところへ寄られますよね」
小太郎の質問に、和は立ち止まると首を強く振っていった。
「都合三度解答を送ったので、もう寄らない。五十目村では長居をし過ぎた。先を急ぐから、弁次さんにはよろしく伝えてほしい。あ、そうだ。幸八さんにも」
次の大久保宿で二人はひと休みしたが、茶店の親父に勧められるまま、八郎潟で獲れたハゼの甘露煮《かんろに》を食べた。そこは八郎潟の南端付近である。
土崎で別れるとき、和は小太郎に久保田城下に良い旅籠はないか聞いた。
「その先はどちらへ行かれます？」
「羽州浜街道に出て、象潟へ行くつもりだ」
「それなら、馬口労町《ばくろうまち》の越後屋さんがいいでしょう。浜街道にもつながっているし、近くの刈穂《かりほ》橋の袂《たもと》から船も出ています」
「主人は小太郎さんの店の常連か？」
「知り合いじゃありませんよ。屋号が越後屋なので、もしかすると主人は、山口先生と同じ越後出身かと思って」
「なんだ、それだけのことか」
（それにしても色々とよく知っているな）
和は、小太郎から布包みを受け取った。
「ありがとう。世話になったな」
背を向けて立ち去ろうとすると、とつぜん呼び止められた。
「あ、そうそう。この先の神社に、算額がありますよ」
和はぎくりとして振り返った。
（なぜ今まで黙っていたのだ？）
和がにらんでも、きょとんとしているので、それ以上追及する気になれなかった。

四　歴史のある城下町

土崎から小半刻《こはんとき》（約三十分）も歩くと、もう寺内村の高清水岡《たかしみずのおか》で、まもなく左手に鳥居が見えてきた。古四王《こしおう》神社である。
（秋田で初めての算額だ。でも、本当にあるのだろうか）
小太郎は、数学好きのくせに、いうことが要領を得ないことが多かった。さらに記憶力もあやしかった。その小太郎の話である。
鳥居をくぐり、二つの石段をのぼりきった先、鬱蒼《うっそう》と茂った高い木々に囲まれた中に、どっしりとした拝殿があった。
拝殿の前は日が差して明るかったが、空気はひんやりしていた。汗が引くと同時に、身の引き締まるような緊張感をおぼえた。数え切れないほど多くの神社仏閣を参拝している和でも、たまに感じる霊気がそこにあった。
拝殿の横から数珠《じゅず》をにぎった人が出てきた。間をおいて、また一人、二人と。何かを唱えている。お経だろうか。
その人たちは拝殿の前で参拝すると、また裏へゆっくりと歩いて行く。社殿の周囲を回っているらしい。少し異様な感じがした。
誰も来ないときに、和は拝殿に進んだ。左右の壁に大きな絵馬がかかっていて、和は期待で胸がふくらんできた。
鈴緒《すずお》を振って鈴を鳴らしてから、いつになくゆっくりと二拝二拍

「店番をやらされたことか」
「いいえ、主人が女のところへ通っていることですよ。亭主のいる女ですよ」
「え？　本当か」
「気が付かないのも山口先生らしいなあ」
　小太郎が声に出して笑ったので、和は不愉快になった。自分より十歳以上若いはずだが、女郎屋で育つときまじめな人間を平気であざ笑うのか、と思った。
　和はしばらく無言で歩いた。
「山口先生。五十目村へ来られたときと違って、ずいぶんと速足ですね」
「そんなことはない。小太郎さんはしゃべっているから、そう感じるのだ」
　否定したが、和の足は象潟へ向かっている。目的地は遠いのだ。それに、小太郎のしゃくにさわるいい方が拍車をかけていた。
「そういえば、山口先生はお酒もあまりめしあがりませんね」
「飲むと数学の問題を考えられなくなるからだ。蔵元《くらもと》にも三日間世話になったが、主人の彦兵衛さんから、毎晩利き酒をやらされて困った。しかし、福禄寿《ふくろくじゅ》の味は絶品だった」
「十五日の山王祭りはどうでした？」
　御蔵町の北に真言宗の高性寺《こうしょうじ》がある。そこの境内にある山王堂の祭りは有名だった。
「その日だけは嘘みたいに晴れて、山王堂前から続く朝市はたいへんなにぎわいだった。遠くから来ている人も多い。いつか山王堂に算額を奉納する人が出てくるだろう」
　六月に入ると、土崎の飯塚弁次から、和宛ての手紙が来た。立方体に大小の球が詰め込まれた絵と問題が書いてあり、解答を教えてほしいと書いてあった。
　そう話すと、小太郎がすぐいった。
「山口先生が五十目村からもどって来られないので、飯塚先生はしびれを切らしたんです」
「そうか？　でも、弁次さんの問題は難問だった。そして、手紙を読んで初めて、弁次さんが仙台の斎藤旭山《きょくざん》の弟子だと知った」
「誰ですか、その斎藤旭山というお人は」
「旭山は号で、名前は尚仲《しょうちゅう》だ。一関《いちのせき》の生まれで、最上流《さいじょうりゅう》の会《あい》田《だ》安明《やすあき》の高弟だ。昨年、会田安明が死ぬと、その遺言にしたがって、奥州で最上流を広めているという噂だ」
　幸八や小太郎の様子から、弁次の実力を疑っていた和だが、今は見直している。恐らく手紙のやりとりだろうが、旭山の指導も受け始めているのだ。
「返事は出されたのですか」
「簡潔に答術を書いて送った。しばらくしたら、また手紙が来た」
和の答術を理解できたのか、文面から判断できなかった。
「今度も、たくさん問題が書いてあった。難問ぞろいだったが、すべて解いて送った」
　小太郎は、へえ～っと驚いている。
　五十目村からまっすぐ南下した二人が羽州街道に出たのは、下虻《しもあぶ》川《かわ》宿の手前からだった。そこからだと、土崎までは四里ほどだ。

和が小太郎に渡した布包みの中には、精巧な木工製品が入っていた。さまざまな角度をもった三角形や四角形を描くための定規や、円を描くためのぶんまわし（コンパス）などだった。

三百戸ほどの五十目村は、東西を結ぶ街道沿いにあり、海浜からの水産加工物と山奥からの木材製品が流入することから市《いち》が立ち、商人や職人もたくさん住んでいた。

中でも木工職人は、すぐれた家具や細工物を作っていたので、和は親しくなった加藤藤吉にそれらを特注したのである。

木工職人の中には数学好きが多かった。彼らは、立体図形の見方に優れ、難しい問題を解きたがった。

朝なのにもう日差しが強くなってきた。二人とも笠をかぶった。

「五十目村では雨ばかりだったでしょ？」

「着いた翌日から梅雨入りしたようだ。長い雨宿りだった」

実にひと月半近く、和は滞在した。

「梅雨は明けたみたいですから、これからどんどん暑くなりますよ」

（もう雨の象潟は望めないな）

和は胸の中でため息をついたが、五十目村に来てすぐ去ることはできなかったのだ。

物資が豊富で、商売が盛んであれば、村民の暮らしは豊かである。寺子屋でしっかり読み書きを習った人々は、そろばんを使った実用的な計算以上の数学に夢中になりやすい。和が来たことで、数学好きの導火線に火がついた。隣から隣へとはやり病のように伝わった。こんな経験は、和は初めてだった。

「昨日は世話になった家を回って別れのあいさつをしたが、日暮れまでかかった」

餞別《せんべつ》はありがたくもらったが、売り物は断らねばならなかった。お礼の気持ちが大きいほど、渡そうとする売り物も大きいのである。

和は名残惜しそうに後ろを振り返った。

最初に泊まった加賀屋の主人永吉は、数学のたしなみがあった。飯塚弁次の弟子だといった。が、弁次が五十目村まで来たことはないというので、和は変だと思った。それでも和が数学者だとわかると、すぐ『勘者《かんじゃ》御伽草紙《おとぎそうし》』を持ってきた。内容は初歩の数学だが、教えてもらうことに飢えていたようだ。

実は、永吉は小太郎の女郎屋の常連で、数学の面白さは小太郎から教えられたというのは、昨夜初めて知った。

永吉が近所に自慢したからだろう。和が来て二日後には、加賀屋の隣の加藤弥次兵衛老人の家に引っ張り込まれた。次の日も同じ町内の肝《きも》煎《い》り渡部庄右衛門に呼ばれ、屋敷内で臨時の数学塾をやらされた。庄右衛門は息子の捨吉にも学ばせた。

「数学者の来ない土地だとわかると、つい教えるのに力が入ってしまう」

「たくさんの家で、泊まりながら数学を教えたのですね」

「こんなこともあった。古着屋の公正堂では、主人がふらっと女に会いに行ってしまうので、店番をさせるために泊めてくれたみたいだ」

「山口先生は、そういうのは許せないでしょう？」

「どうぞ朝飯をすませてください」

「五十目村って、どこですか？」

和は汁碗を再び持ち上げた。

「そうですねえ……、来られるとき、大川宿で馬場目川を渡りましたか？　船で渡った？　はい、その川の上流です。数学好きの百姓や職人がたくさん住んでいる村です」

「大川宿の東にそんな大きな村が……。すると、ここから六里ぐらい……？」

和は、象潟から六里も遠ざかってしまうのか、といいたかったのだが、

「もうちょっとあります……七里くらい」

小太郎のことばを聞いて、飲みかけた味噌汁を口から吹き出しそうになった。

三　市が立つ村

五月十九日に五十目村に着いた和が、村人たちの引き止めを振り切って、再びわらじをはいたのは、七月一日の朝だった。

前日の夕方、小太郎が土崎からやってきた。

「どうしていなさるかと思いまして」

「仕事はいいのか」

小太郎は頭のうしろをかきながら、気まずそうに笑っている。

「小太郎さんは何をしている？」

「家の手伝いです」

「家業は？」

初めて聞かれていいにくそうにしていたが、とうとう口を開いた。

「上酒田町の遊郭《ゆうかく》です。女郎屋《じょろうや》」

身なりから商家の若旦那だと思っていたが、女郎屋だとは予想もしていなかった。港町だから女郎屋は多い。それにしても、数学とのつながりがわからない。不思議だった。

「明日ここを出発することにした」

「そうでしたか」

和は、五十目村最後の夜は、御蔵《おくら》町の加賀屋に泊まることにしていた。最初に小太郎に案内された旅籠だった。

小太郎も加賀屋に泊まることになったので、晩飯のとき、なぜ数学が好きになったのか聞いたが、なんとなくといってはっきりしない。

「山口先生はどうして好きになられたのですか」

逆に聞かれて、和も返事に困った。

その夜は、寝るまで小太郎にまた数学を教えた。前に教えたことをほとんど覚えていなかったが、数学は本当に好きらしい。

その小太郎と一緒に加賀屋を出発した。

「何でも持ちますよ」

「荷物はほとんど増えていないが、せっかくだからこれをお願いしよう」

「何ですか、これ？」

「問題の図形を描くのに便利な道具だ」

してくれた。幸八は船大工の見習いで、弁次の数学の弟子だった。少なくとも初七日までは和をここで面倒みてほしいと、弁次は幸八に頼んだ。

「そんな偉い先生に何日も泊まってもらえるなんて、夢みてえだ。飯塚先生、おらの家を選んでくれて、一生恩に着るだよ」

幸八は涙を浮かべて喜んでいる。

「世話になります」

和は頭を下げながらも、内心困惑していた。

（七日間もここで足止めを食うことになるのか……。でも、まだひと月あるからよしとするか）

晩飯の後、小笠原小太郎という数学好きの若者が、数学書をたくさん抱えてやってきた。弁次の弟子で、幸八の親友だという。

「飯塚先生から、江戸の有名な数学の先生が来ていると聞いて来ました。このあたりでは、数学は飯塚先生が一番ですが、その飯塚先生でも解けない問題がいっぱいあります。ぜひ教えてください」

小太郎はていねいなしゃべり方をした。商家の道楽息子のように見えた。

それから和は質問攻めにあった。ところが、難問は一つもなかった。算木《さんぎ》算盤《さんばん》もいらない問題ばかりだった。片っ端から解答していった。二人の実力からすれば、じきに質問することはなくなる。そう思っていた。

「たまげたなあ。どんな問題でも解ける……」

「こんな先生は、初めてです。じゃあ、次はこれですが……」

若さがみなぎっている幸八と小太郎は、予想に反して、和をなかなか休ませてくれなかった。説明しながら和は、こんなことも教えていないのかと弁次の実力を疑い出していた。

「よしよし。二人とも弟子にしてやるから、この先は明日にしよう」

さすがの和も体力の限界を感じた。

「本当けえ？　うれしいなあ」

「それなら、弟子だという証文を書いてくださいませんか」

「証文？」

二人ともうなずきながら目を輝かせている。

しかたなく、関流の免許状をまねて書いてやると、末尾の日付のところで小太郎から注文がついた。

「元号が違っていますが……」

和は文化十五戊寅と書いたのだが、ひと月前の四月二十二日に改元されて、文政になったというのである。和は知らなかった。新しい紙をもらって最初から書き直した。

よけい疲れた。

次の日、和が朝飯を食べ始めると、小太郎がやって来た。昨夜の続きをやりたいようだ。

「仕事はいいのか」

「父さんの許しはもらいました。これから山口先生を五十目村《ごじゅうのめむら》まで案内しますから」

（夕べ、そんな話があったかな？）

和は味噌汁を置いて、小太郎の方を見た。

らしい。
　表には芭蕉の句らしきものも刻んであった。
〈月いつこ鐘はしつめる海の底〉
　和が熱心に見つめていたからだろう。仙人のような風貌をした老人が、聞いてもいないのに説明してくれた。
「それは『奥の細道』の途中、越前国《えちぜんのくに》敦賀《つるが》の金《かな》ケ崎《さき》で詠まれた句だ。正しくは〈月いづく鐘は沈める海の底〉らしいが」
　そういわれても、和は『奥の細道』で読んだ記憶がなかった。
　老人は続けた。
「八郎潟の水底にも鐘が沈んでいるという言い伝えがあるので、芭蕉の百年忌に、この句を選んで碑をこしらえたのだ。小夜庵というのは、久保田城下の俳人、吉川《きっかわ》五明《ごめい》のことで、社中筆頭の村井素大は、ここから十四、五町東の昼寝の里に住んでいた大百姓だ」
　久保田城下とは、秋田藩主佐竹氏の居城のある城下町のことである。
「詳しいのですね」
「わしも昼寝の里に住んでいるが、何のとりえもねえ、昼寝ばっかりしている爺《じじい》だ」
　老人は笑って謙遜しているが、芭蕉のことが好きで何でも知っているのだろう。もちろん自分でも句をひねるに違いない。気持ちがわかる和の頭は、数学どころでなくなってきた。
「先を急ぎますので」
　昼寝の里の爺に別れを告げたが、一日でも早く象潟へ行きたくなっていた。

二　行く手をはばむもの

大川宿で急いで昼飯を食べ、渡し船に真っ先に乗って馬場目川《ばばのめがわ》を渡り、土崎までの六里近い道のりを、寄り道することなく歩いた。
　土崎に着いたのは既に宵闇《よいやみ》が降りるころだった。能代と同様に大きな港町で、どこまで歩いても海に出ない。
（今日は十里くらい歩いたから少し疲れた。しかし、数学の問題を解くことになっても、喜んで相手をしよう。あまり長く滞在はしたくないからな）
　そんなことを考えながら、飯塚弁次の大きな屋敷を探し当てた。下酒《しもさか》田町《たまち》で菓子問屋を営んでいた。ところが、あいにく法事らしく、中からくぐもった読経《どきょう》がもれてくる。
（しょうがないな。旅籠《はたご》を探して、明日も取り込んでいるようだったら、久保田城下まで行ってしまおう。森岡村の又八のように教えろといわれているわけではないから、金十郎さんに恨まれることもないだろう）
　和の気持ちは、半分象潟へ飛んでいる。
　そこへ、近所の人たちだろうか、ぞろぞろ中から出てきた。礼をいって送り出している紋付を着た年配《ねんぱい》の男はここの主人らしい。
　うっかり目が合ってしまったので、相沢金十郎からの紹介状を見せて用件をいったら、やはり飯塚弁次だった。
「祖母が急に死んでこれから通夜です。せっかくの機会ですが、泊まってもらうことができません。申し訳ございません」
　そういいながらも、弁次は和を通り二本離れた幸八の家まで案内

ら海沿いの道を南下していけば、象潟に着くはずである。

平泉から西へ向かった芭蕉は、酒田《さかた》で海に没する太陽を見た。それから海に沿って北上し、吹浦《ふきうら》を経て象潟に着いたのは六月半ばだった。百前後の小島を浮かべた入り江だったという。

芭蕉と同じころに着くならあとひと月ほどだが、芭蕉は連日のように雨にたたられた。

〈梅雨が明けていなかったのかもしれない。ここもそろそろ梅雨入りする。芭蕉と同じ雨の象潟を訪れてみたいものだ〉

和は再び元気に歩き出した。

二里近く単調な景色が続いて、一日市《ひといち》宿でひと休みした。茶店の老婆に、習慣になっている質問をした。

「この近くに有名な神社はありますか」

「ここから十町ほど行けば、左さ鎮守《ちんじゅ》の森が見えるべ。諏訪明神さまだ」

老婆のいうとおりだった。やはり有名な神社なのだろう。畦《あぜ》道と呼ぶには広い道を進むと、和の後にも旅人が何人かやってくる。

鳥居をくぐった正面、石段の上に朱塗りの小さな社殿があった。

参拝したあと壁面をぐるりとまわって見たが、算額はなかった。

境内をもどろうとすると、大きな石碑の前にたたずんでいる老人の姿が見えた。近寄ってのぞくと、石碑には〈芭蕉翁〉と大きく刻んである。和の胸が高鳴った。

裏にまわると〈寛政五 癸丑《みずのとうし》年九月小夜庵《さよあん》社中 素大《そだい》 野了 樗《ちょ》木《ぼく》〉とある。今年文化十五年（一八一八）は戊寅《つちのえとら》だから、干支《えと》で逆算すれば二十五年前（一七九三）に、小夜庵社中が建立《こんりゅう》したもの

●歴史小説――連載⑦

古四王神社の母娘

鳴海　風＝作
高山ケンタ＝画

一　和の奥の細道

五月十六日の朝、能代《のしろ》を出発した山口和は、軽快な足どりで南へ向かった。天気も好いし、今日の目的地も決まっている。

一刻《いっとき》（約二時間）歩くと豊岡村に入り、やがて羽州《うしゅう》街道に出た。次の宿場は森岡だ。

森岡宿で持ってきた握り飯を食べてから、三種川《みたねがわ》に沿って街道を東へはずれた。山すそに広い田をもつ又助が訪ねる相手で、能代で会った相沢金十郎の数学の弟子である。

又助の屋敷は大きいのですぐ見つかった。

一年前に名主だった父親を病気でなくした又助は、まだ二十歳《はたち》前で独身だったが、年のはなれた弟や妹が五人もいて、母親は元気なものの、一家の大黒柱になって苦労していると聞いていた。それでも、金十郎からの手紙が心にしみたようで、和は歓迎された。

屋敷の前に勢ぞろいした七人家族に見送られたのは、二日後の早朝だった。

又助が深くお辞儀しながらいった。

「ありがとうございました。手前のようなものに貴重なお日にちを使わせてしまって……」

二日間の滞在は、やがて名主を継ぐことになる又助に、実用的な数学をみっちり仕込むために使われた。それが数学の師をこえて親の気持ちになった金十郎からの頼みだった。

「数学を教えてもらう機会の少ない人に教えるのが、わたしの旅の目的ですから」

次の目的地も金十郎の紹介だった。金十郎が、手紙で数学の問題と解答のやり取りをしている、土崎湊《つちざきみなと》の飯塚弁次である。金十郎の家で見た問題や解答からすると、弁次の実力は相当なものだ。又助とは違った意味で、教え甲斐のある人物のような気がした。

森岡から二里、鹿渡《かど》宿に着くと、もう右手は見渡す限りの湖だった。八郎潟《はちろうがた》である。その大きさは、東西が三里、南北は七里近くある。湖畔には無数に鳥が群れていて、自然と心がのびやかになる。

（まだひと月あるな……）

立ち止まって静かな湖面を眺めていた和が、ふと胸のうちでつぶやいたのは、松尾芭蕉《ばしょう》の『奥の細道』を思い出したからである。

芭蕉の奥州の旅の目的は、松島と象潟《きさかた》を訪ねることだった。仙台から松島を経て平泉《ひらいずみ》まで芭蕉と同じ道を歩いていたとき、和の心はおさえることができないほど高揚していた。

その後和は『奥の細道』と別れ、奥州街道を北上したが、これか

数学月間(SGK)だより

谷 克彦

2017年の「数学月間懇話会(第13回)」7月22日は土曜日にあたり，40人を越す参加者で盛況でした．真夏炎天の一日，参加された皆さまに感謝します．プログラムは以下のようでした：

1. 社会調査の実際，森本栄一(ビデオリサーチ)
2. ブラックホールの形を見る，池田思朗(統数研)
3. 星型正多面体の体積比較(模型も作るよ！)，小梁修(osa工房)

■社会調査の実際

RDD調査は，固定電話だけでなく携帯も対象にするようになり，抽出した約5,000件の候補にオペレータが電話し，個人有権者(会社は除外)の電話(2,000件ほど残ることが経験的に既知)を調査対象にします．その対象から回答を900件以上得るのが目標です．ビデオリサーチの視聴率調査は，PM(ピープルメータ)という機械を設置して行います．リアルタイムのデータが得られる反面，限られた固定観測点であります．

NHK，各TVや新聞社，通信社なども，それぞれ一定の方法でサンプル集合を採取し，そのサンプル集合に対し統計解析を行います．そのサンプル集合がランダム・サンプリングであるかは大いに疑問です．その検証は非常に難しいし，誤差の範囲もはっきりしない．さらに，統計学の問題に持ち込む以前に以下の問題がある．設問の，言い回し，聞き方，設問の順序，選択肢など，誘導尋問のように見えるものもあります．電話で文脈に誘導されずに，設問に答えられるでしょうか？世論調査で実態を正しくとらえるのは非常に困難で，この分野は行き詰まっているようです．発表される数値が独り歩きし，これに誘導される弊害の方が大きいと私は思います．別の話題ではありますが，最近，ビッグデータを用いた予測実績が不気味なほど上がっているようです．

■星型正多面体の体積比較

いろいろな星型正多面体の立体紙模型を示して，各部分の体積比などの説明がありました．星型正p角形は，正5角形の1つの頂点からスタートして1つ飛びの頂点を結び2回転すると閉じる図形ですから，$p=5/2$角形になります．正p角形の面が，頂点でq個集まって作る正多面体は，シュレーフリ記号で$\{p,q\}$と記すので，4つある星型正多面体のうち，例えば，星型小12面体のシュレーフリ記号は，$\{5/2,5\}$になります．この星型小12面体は，プラトン正多面体(正12面体)を芯にして，その正5角形面に正5角錐を貼りつけた形．外周にできた12個の頂点を結ぶと正20面体になります．星型正多面体は全部で，$\{5/2,5\}$，$\{5,5/2\}$，$\{5/2,3\}$，$\{3,5/2\}$の4つがありますが，これらについてその部分の体積比の興味深い関係の説明がありました．

■ブラックホールの形を見る

ブラックホールからは光も脱出できません．しかし，ブラックホールの穴に荷電粒子が引き込まれるときに電波やX線が放出されるので，ブラックホールの形は，この放出される電波を観測(地球上6地点の電波望遠鏡を結んで，電波干渉計を作り，電波強度と位相がわかる)して，それらのデータをFourier変換すると形が見えるはずです．しかし，Fourier変換に用いる観測データは，地球が宇宙空間で旅した範囲の観測点の限られたデータしかありません．

ブラックホールの穴画像をx，観測されたデータをyとすると，$y=Ax$で，行列Aが正則ならば，$x=A^{-1}y$と簡単に解くことができるのですが，yの次元Nは非常に小さく，xの次元Mは非常に大きい(行列Aは$N\times M$行列でランク落ち)ため解けません．多数(M個)の未知数のあるxを解くのに，式の数(N個)が少ないので，不定解になります．解xにたくさんの0要素(スパース)があるとしランクを下げれば，一意解を持ちます．なぜこのようなスパースな解が合理的なのかは難しいのですが，我々のまわりの画像は統計

的にスパースなようです．この方法は，LASSO(Least Absolute Shrinkage and Selection Operator)といいます．数学的には，xがスパースであるという条件を，$\sum|x_i|$が最小という条件にして，最小2乗法$\|y-Ax\|^2$を解く，ラグランジュの未定乗数法が適用できます．

■圧縮センシング［筆者による関連技術の解説］

解のスパース性を利用するこの手法は，医学画像(MRIなど)の撮影で利用でき，高解像度の画像を短時間で得られるようになりました．

画像の解像度を上げるには，観測空間でサンプリング・レートを上げ，それらを用いてFourier変換を行うのが，サンプリング定理の語る正攻法でしょう．しかし，画像の大部分の領域はだらだら変わり，急峻な変化がある領域は少ない(画像のスパース性)．この性質を利用した画像圧縮(jpg)や圧縮センシングが成功しています．

● MRI(核磁気共鳴イメージング)とは

水素の原子核(プロトン)にはスピンがあり，磁石の性質があります(核磁気)．強い静磁場に置かれたプロトン核磁気は，磁場の方向に揃い歳差運動をしています．その周波数(ラーモア周波数)は，磁場が強いほど高く，MRI装置の静磁場1.5 Tでは，64 MHz(ラジオ電波の周波数)程度です．静磁場のプロトンに，このラーモア周波数の電波が照射されると吸収共鳴(核磁気共鳴)が起こり，歳差運動の振幅が増大し，核磁気は横倒しの状態で回転します．一方，歳差運動をしているプロトン核磁気からは同じ周波数の電波が放射されるので，これを検出することにします．

生体組織は，水や有機物(水素原子と結合した分子)ですから，プロトン核磁気は組織の至る所に分布し，組織の状態はそのプロトン核磁気の性質に反映されます．すなわち，核磁気の歳差運動の縦緩和，横緩和という現象に違いが出ます．

電波照射を止めると，励起されていた核磁気の歳差運動が定常状態に戻る(緩和)のですが，静磁場方向の核磁気成分の復元緩和を「縦緩和」，静磁場に垂直成分の減衰緩和を「横緩和」といいます．組織の各点で測定した緩和定数をマップに表示できれば，診断に役立つ組織マップができます．

●さて，画像の位置情報はどのようにして得るのでしょうか．このためには，静磁場の他に傾斜磁場を印加します．傾斜磁場(ペアのコイルに電流をON/OFFし発生/停止ができる)は，数十mT/m程度の大きさです．静磁場方向をzとすると，z方向に強度が変化するz-傾斜磁場，x方向に強度変化するx-傾斜磁場，y方向に変化するy-傾斜磁場の3種類があります．

静磁場と同じ方向のz-傾斜磁場を印加すると，磁場一定の場所はz軸に垂直な平面で，プロトン核磁気のラーモア周波数(磁場強度に比例)に共鳴する電波の周波数をスキャンすれば，各断層面ごとの電波を順次採取することができます．

各断層面上の(x, y)位置情報を得るには，断層面のプロトンの歳差運動を励起後に，y-傾斜磁場を短時間だけ印加し，続いてx-傾斜磁場の印加を行います．このようにすると，断層面の点(x, y)からの電波は，x-座標に沿って周波数が変化し(周波数エンコーディング)，y-座標に沿っては位相変化(位相エンコーディング)のあるものになります．傾斜磁場を印加して，空間の位置情報を得，画像化を可能にしたのは，LauterburのNature(1973)に載せた論文です．Lauterburらは2003年のノーベル賞を受賞しました．

●緩和時間の測定には，傾斜磁場や電波をON/OFFする複雑なパルスシークエンスが要ります．MRI測定で聞こえる変な音は，強い磁力で装置が歪む音です．256×256画像の測定でも正攻法ではかなりの時間を要しますので，パラレルイメージングなどの手法と共に「圧縮センシング」を用いて，短縮が期待できます．

■2017年から，定例の「数学月間懇話会(7月22日)」の他に，「数学月間勉強会」をスタートしました．勉強会シリーズの第1弾は「結晶空間群で数学と物理を学ぼう(全4回)」です．第1回：周期的空間(6/28)．第2回：結晶点群(9/26)，第3回：結晶空間群(12/12)を実施し，第4回：性質の対称性は3月実施の予定です．案内は日本数学協会や数学月間の会ウエブサイトに掲載しますのでご覧ください．

(たに・かつひこ／SGK世話人)

編集委員会・事務局だより

●2018年はドイツの数学者カントル（Georg Ferdinand Ludwig Philipp Cantor, 1845–1918）の没後100年に当たります．カントルは実数の全体が可算集合でないことを証明したことで有名です．本号ではその集合論をめぐる特集を企画しました．長岡亮介・渕野昌両氏の力作論考をご味読ください．

●また，上海交通大学の呂鵬氏による論考「神と星と詩とともに歩む――古代インド数学の歴史と特徴」は，前号に林隆夫著『インド代数学研究』の書評が掲載されたのを機に，インド数学の概要を紹介していただいたものです．魅惑的なタイトルとともに，示唆に富んだ内容となっています．呂鵬氏は2010年～2016年に京都大学大学院文学研究科インド古典学専修に留学された経験から日本語が堪能で，今回の原稿も日本語で書かれたものです．【小川】

●4年半にわたる山本義隆氏の連載「小数と対数の発見」が，いよいよ今号で最終回を迎えました．「シモン・ステヴィンによる小数の発見と，数の連続体の表象の直感的把握と，その数直線による表現，そしてそれにもとづくネイピアの対数の導入と，十進小数の普及という，この一連の発展こそが，17世紀後半の解析学勃興の基礎を形成したのである」との末尾の言葉を噛みしめています．

【亀井】

■2018年の新春特別講義が1月6日・7日で開催され，多くの方にご参加いただき，盛況のうちに終えることができました．

■日本数学協会事務局では，このたびTwitterを始めました．

ユーザー名：日本数学協会

フォローをよろしくお願いいたします．

■日本数学協会の会員には「正会員」「賛助会員」「ヤング会員」の3種類があります．

正会員は入会金1,000円，年会費4,000円，当協会の事業を援助してくださる個人・法人・団体が対象の賛助会員は1口30,000円です．ヤング会員は高校生以下が対象で，入会金免除，年会費1,000円です．

ご入会いただくと，機関誌『数学文化』を年2回，会報を2～3回送付いたします（『数学文化』は最寄りの書店でも購入できますが，年2冊でほぼ年会費分に相当します）．

入会を希望される方は事務局まで，電話・メール・FAX・はがきなどでご連絡ください．入会申込書を送付いたします．

入会金・年会費は郵便振替にて下記へご送金ください．

加入者名：日本数学協会

口座番号：00100-3-574354

多くの方のご入会をお待ちしております．【事務局】

数学文化
Journal of Mathematical Culture

第29号
no.29

2018年2月28日 第1刷発行

●編 集
日本数学協会
（会長：上野健爾）
〒160-0011
東京都新宿区若葉1-10
TEL.(03)6821-3313
FAX.(03)5269-8182
E-Mail:sugakubunka@gmail.com
http://www.sugaku-bunka.org

●発 行
株式会社 日本評論社
〒170-8474
東京都豊島区南大塚3-12-4
TEL.(03)3987-8621［販売部］
FAX.(03)3987-8590
https://www.nippyo.co.jp

●造本意匠
海保 透

●印刷・製本
三美印刷株式会社

●ISBN978-4-535-60259-5